机械制图及 CAD（第 2 版）习题集

北京理工大学出版社
BEIJING INSTITUTE OF TECHNOLOGY PRESS

目　　录

第一章　机械制图与 AutoCAD 2010 基本知识

1.1　字体练习

1. 书写下列长仿宋体。

机 电 专 业 机 械 工 程 制 图

技 术 要 求 名 称 数 量 比 例

制 图 设 计 审 核 序 号 备 注 材 料

未 注 倒 角 圆 角 铸 造 螺 钉 螺 栓

2. 书写字母和数字。

ABCDEFGHIJKLMN

OPQRSTUVWXYZ

abcdefghijklmn

opqrstuvwxyz

1234567890Φ

1.2　图线练习

在指定位置抄画不同线型的直线，按给定的图形样式在右边空白处抄画图形。完成右下角框内剖面线的画法。

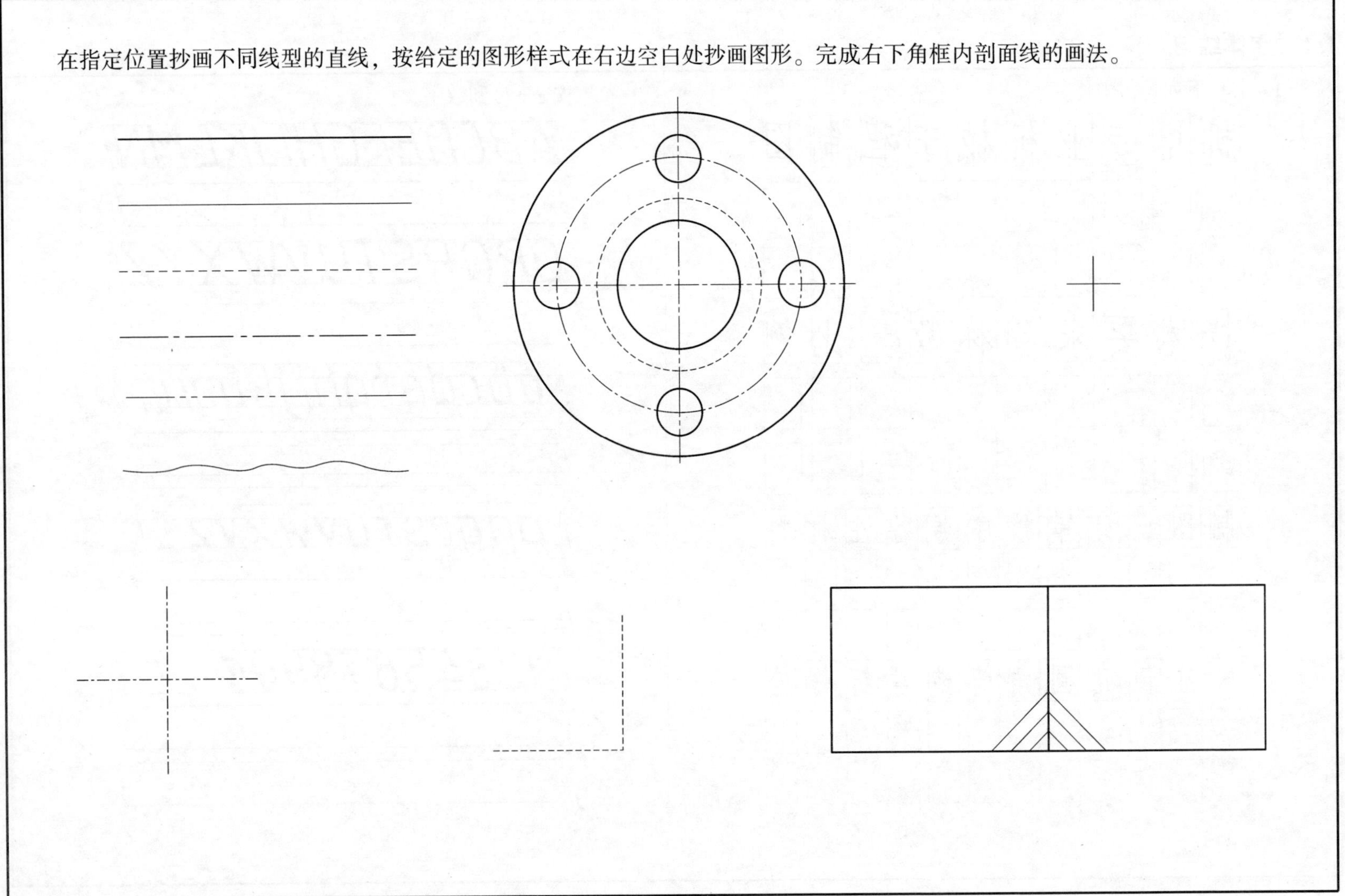

1.3 尺寸标注练习（数值从图中度量，取整数）

1. 注写线性尺寸、角度尺寸数字。

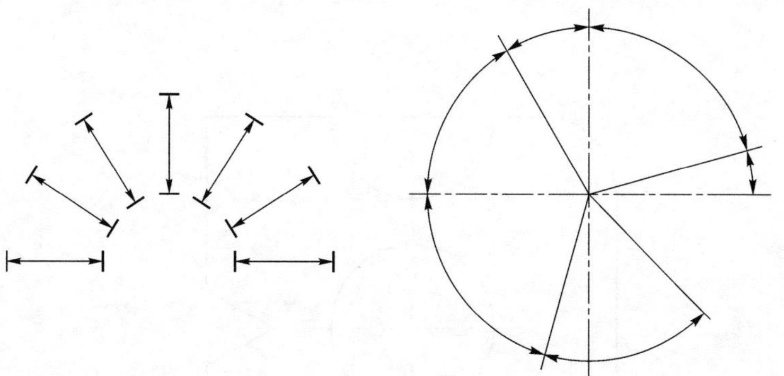

2. 在下列尺寸线上绘制箭头和尺寸数字。

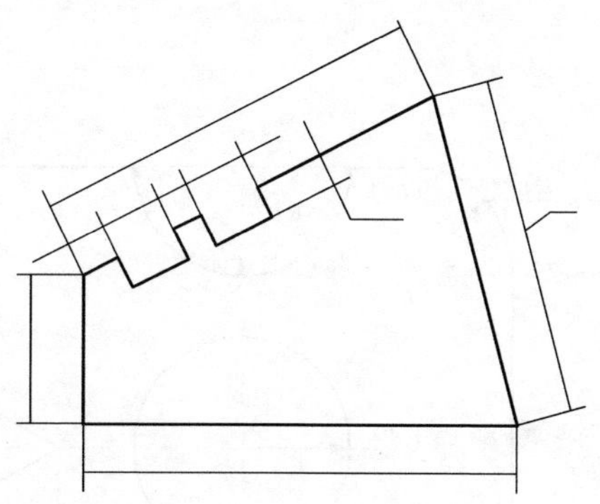

3. 标注圆的直径尺寸。

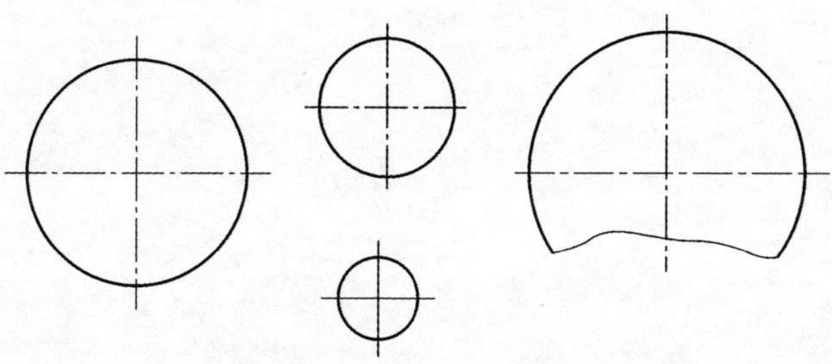

4. 标注圆弧半径尺寸。

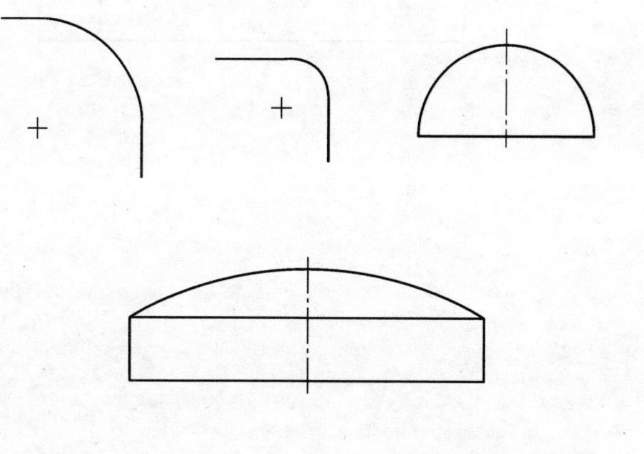

1.3 尺寸标注练习

5. 指出左图中尺寸标注的错误，在右图中正确标注。

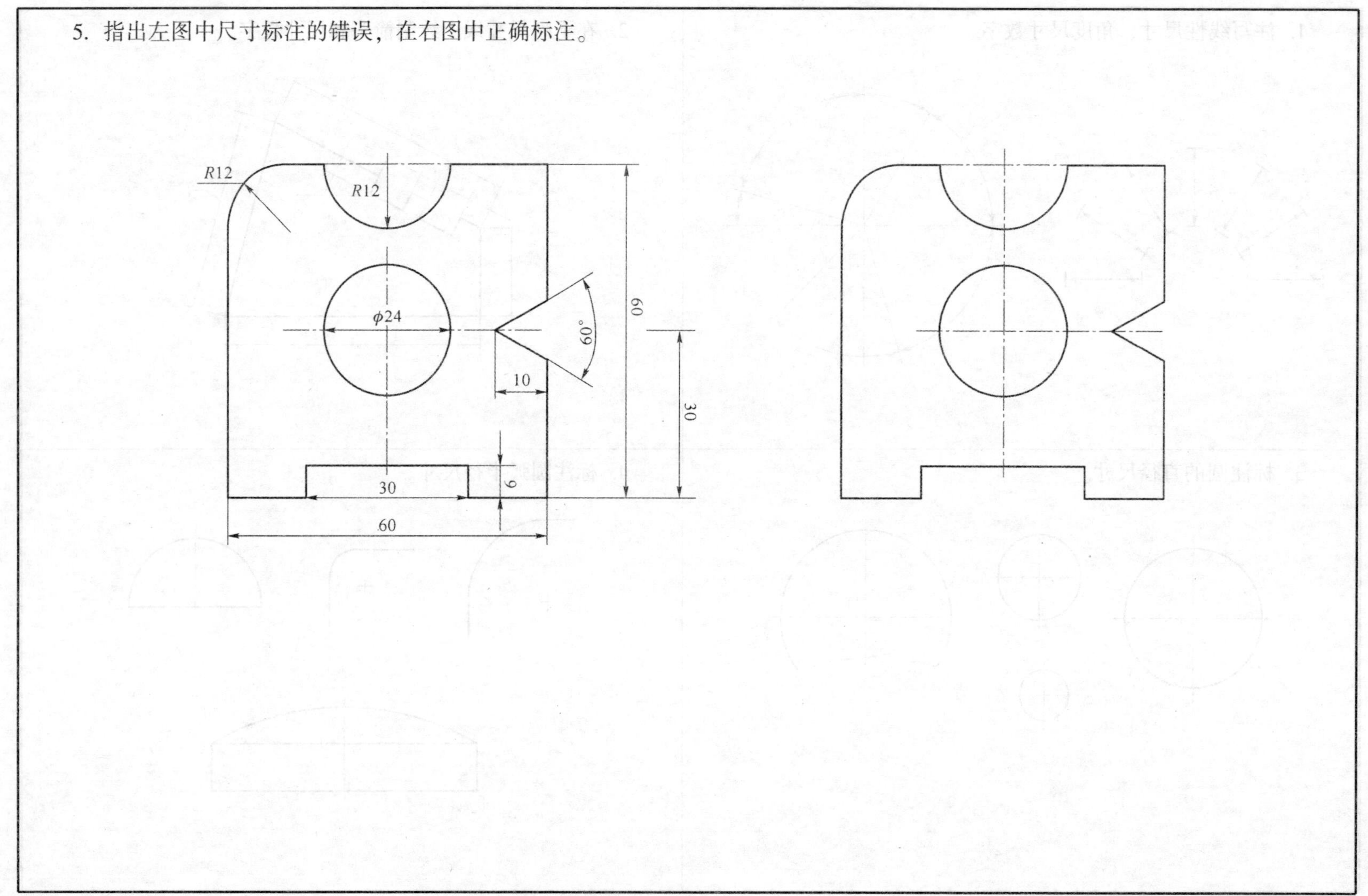

1.4 用 CAD 软件绘制基本图形

1.

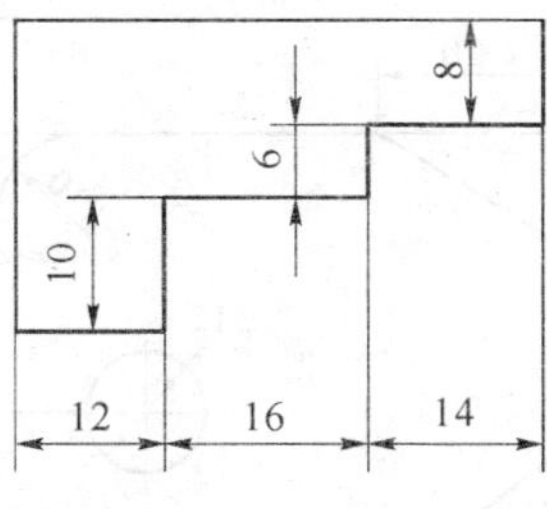

2.

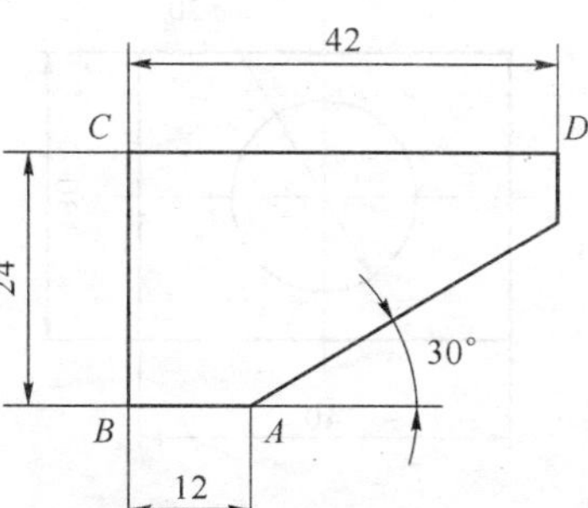

3.

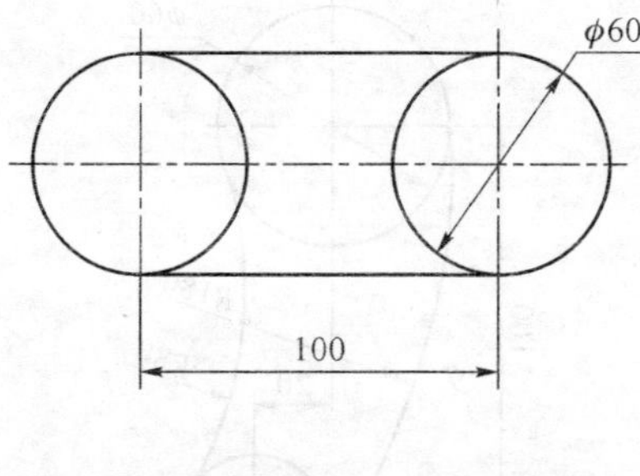

4.

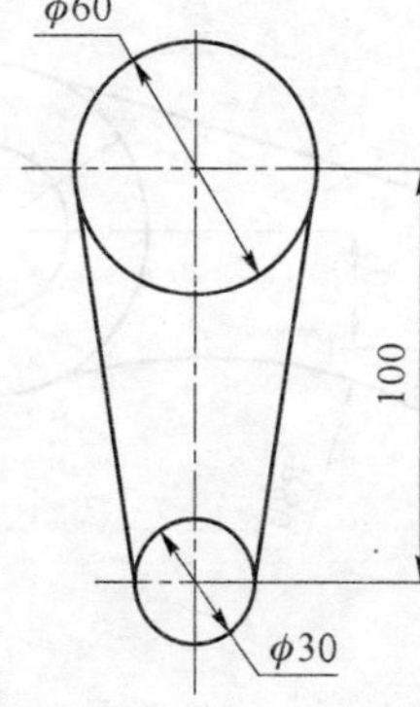

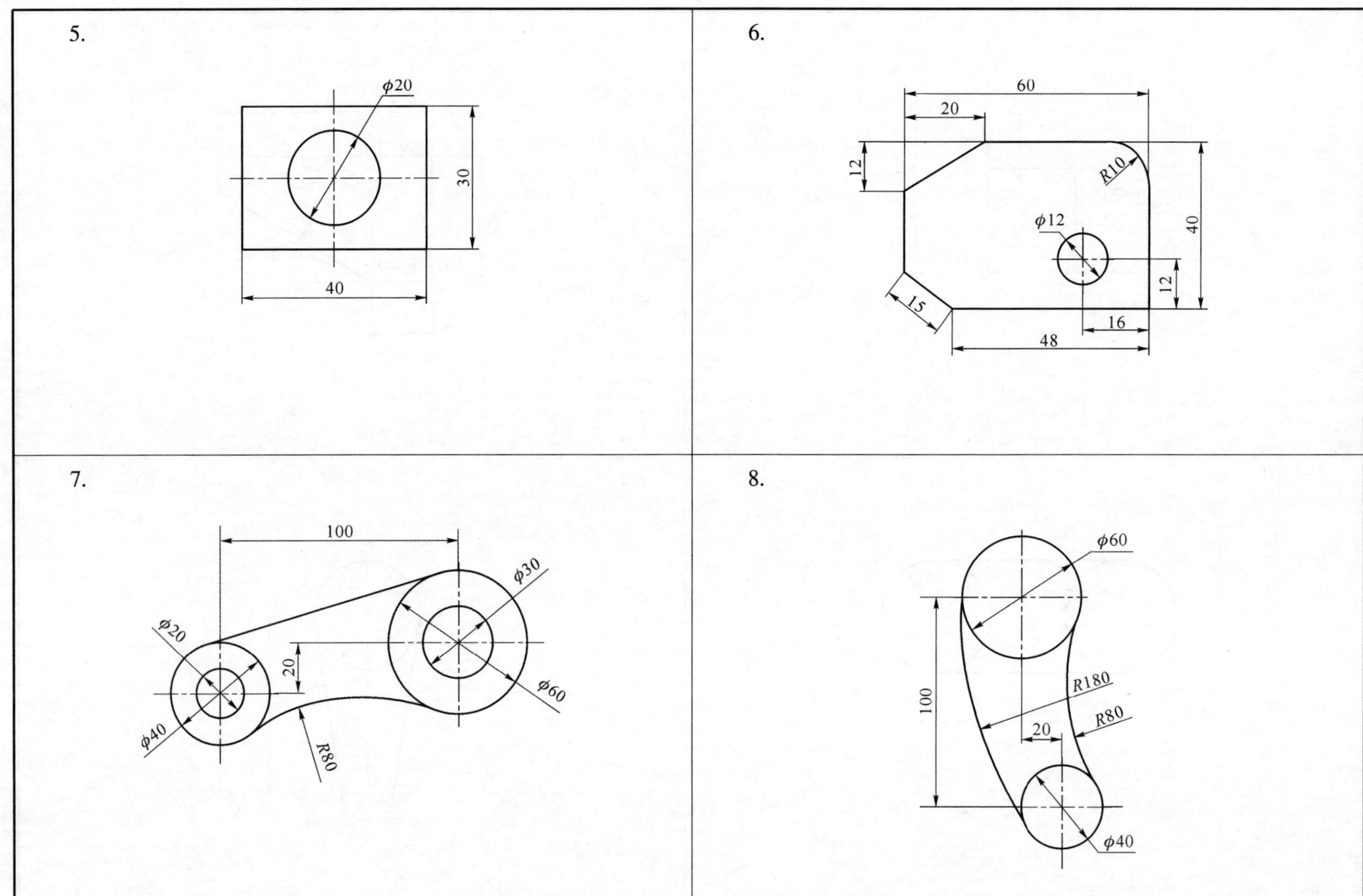
5.
φ20
30
40
6.
60
20
12
R10
φ12
40
12
15
16
48
7.
100
φ30
φ20
20
φ60
φ40
R80
8.
φ60
R180
100
R80
20
φ40

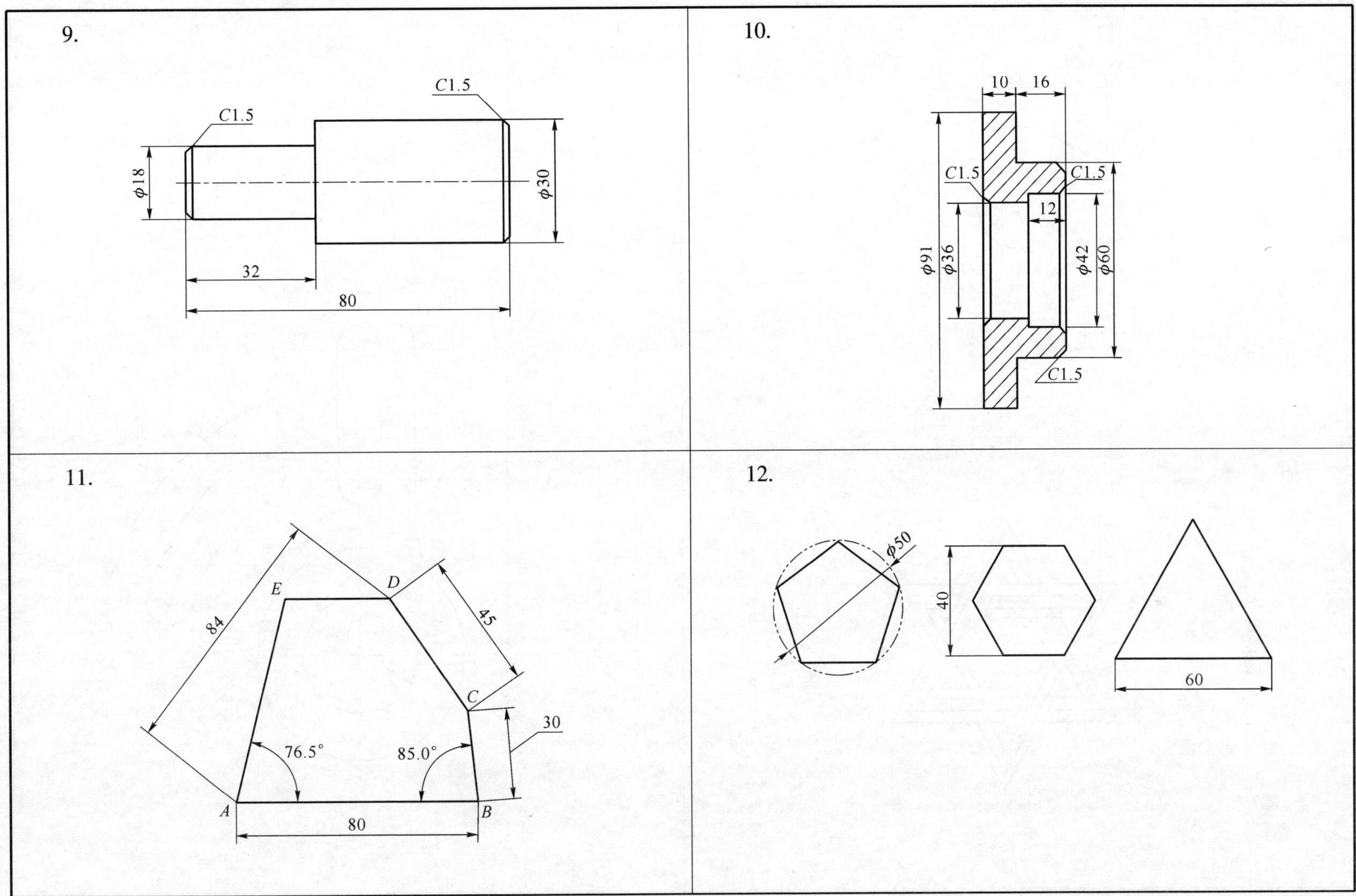
9.
C1.5
C1.5
ϕ18
ϕ30
32
80
10.
10
16
C1.5
C1.5
12
ϕ91
ϕ36
ϕ42
ϕ60
C1.5
11.
84
E
D
45
C
30
76.5°
85.0°
A
B
80
12.
ϕ50
40
60

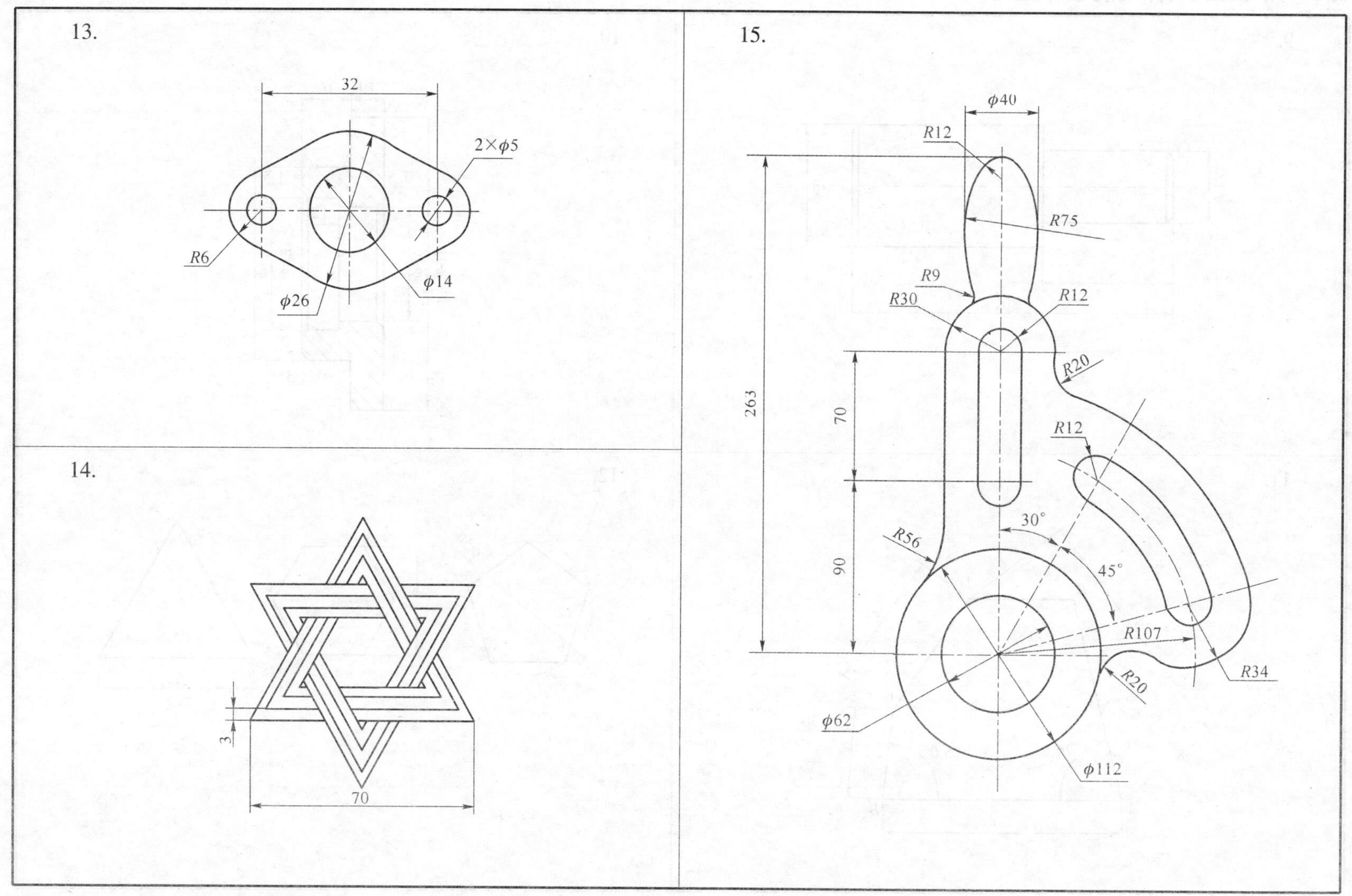
13.
32
2×ϕ5
R6
ϕ14
ϕ26
14.
3
70
15.
ϕ40
R12
R75
R9
R30
R12
R20
263
70
R12
30°
R56
45°
90
R107
R34
R20
ϕ62
ϕ112

第二章　正投影法与基本形体

2.1　基础知识

一、填空题

1. 当直线平行于投影面时，其投影__________，这种性质叫__________性；当直线垂直投影面时，其投影______________，这种性质叫__________性；当平面倾斜于投影面时，其投影__________，这种性质叫__________性。

2. 主视图所在的投影面称为______，简称______，用字母_____表示；俯视图所在的投影面称为__________，简称__________，用字母______表示；左视图所在的投影面称为__________，简称__________，用字母______表示。

3. 三视图的投影规律是：主视图与俯视图__________；主视图与左视图______；俯视图与左视图__________。

4. 零件有长宽高三个方向的尺寸，主视图上只能反映零件的_______和_______，俯视图上只能反映零件的________和________，左视图上只能反映零件的_______和_______。

二、选择题

1. 下列投影法中不属于平行投影法的是（　　）。　A. 中心投影法　B. 正投影法　C. 斜投影法
2. 当一条直线平行于投影面时，在该投影面上反映（　　）。　A. 实形性　B. 类似性　C. 积聚性
3. 当一条直线垂直于投影面时，在该投影面上反映（　　）。　A. 实形性　B. 类似性　C. 积聚性
4. 在三视图中，主视图反映物体的（　　）。　A. 长和宽　B. 长和高　C. 宽和高
5. 三视图是采用（　　）得到的。　A. 中心投影法　B. 正投影法　C. 斜投影法
6. 当一个面平行于一个投影面时，必（　　）于另外两个投影面。　A. 平行　B. 垂直　C. 倾斜
7. 当一条线垂直于一个投影面时，必（　　）于另外两个投影面。　A. 平行　B. 垂直　C. 倾斜
8. 在标注球的直径时应在尺寸数字前加（　　）。　A. R　B. ϕ　C. $S\phi$
9. 下列尺寸标注正确的图形是（　　）。

10. 角度尺寸在标注时，文字一律（　　）书写。　A. 水平　B. 垂直　C. 倾斜

2.2 练习

1. 根据点的坐标作点的三面投影并回答问题。

(1) 已知点 A（10，15，20），点 B（20，10，15）：

点 A 在点 B ________边（左右）；

点 A 在点 B ________边（上下）；

点 A 在点 B ________边（前后）。

(2) 已知点 A（15，15，20），点 B 在点 A 左 5 mm、前 10 mm、下 5 mm，作 A，B 两点的投影。

2. 根据线面的两面投影作第三面投影。

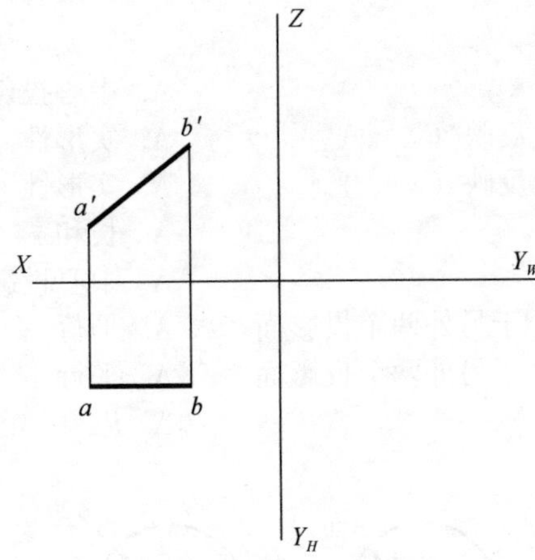

2.3 练习作图

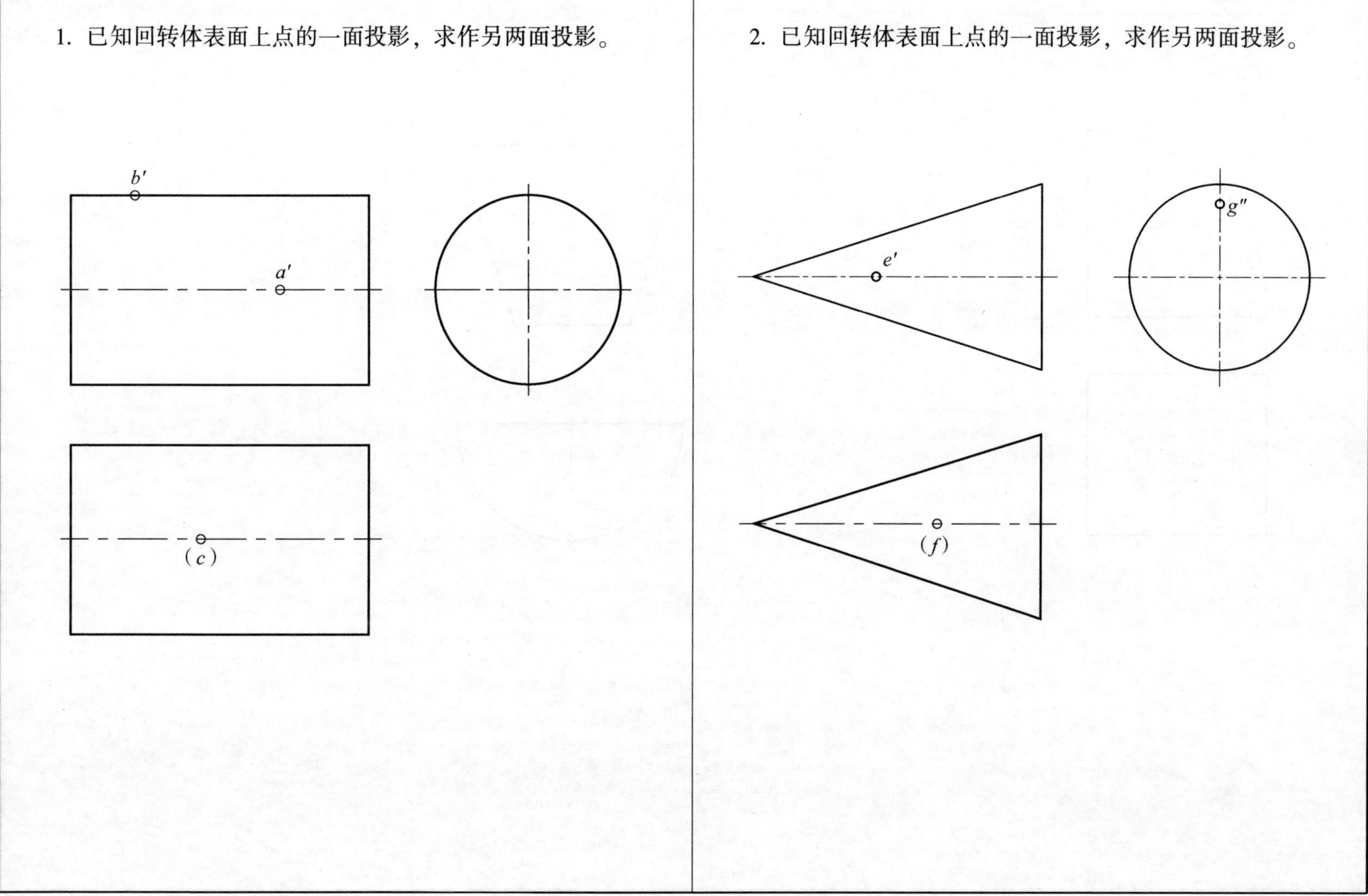

1. 已知回转体表面上点的一面投影，求作另两面投影。
b′
a′
(c)
2. 已知回转体表面上点的一面投影，求作另两面投影。
e′
g″
(f)

2.3 练习作图

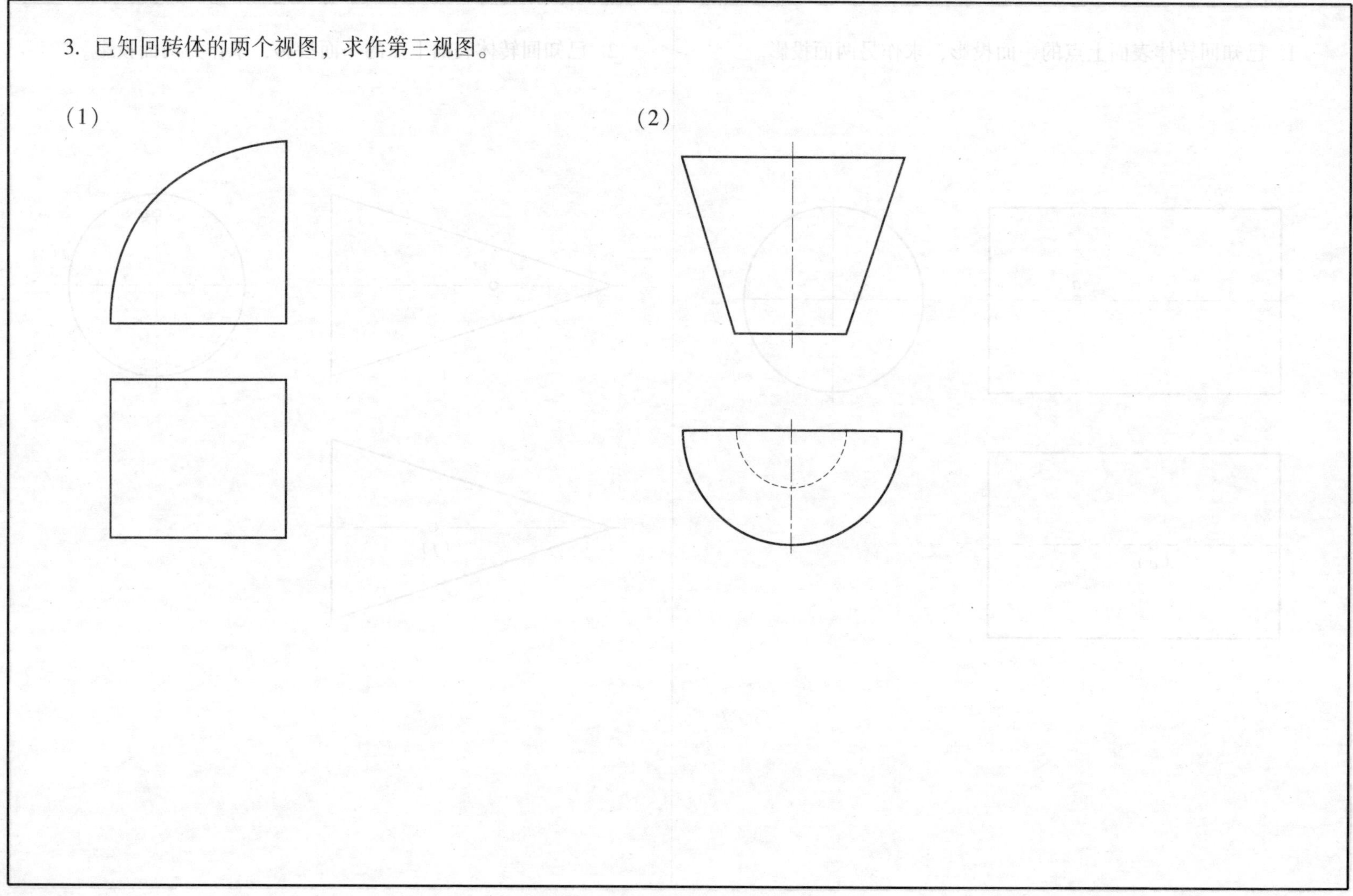

2.3 练习作图

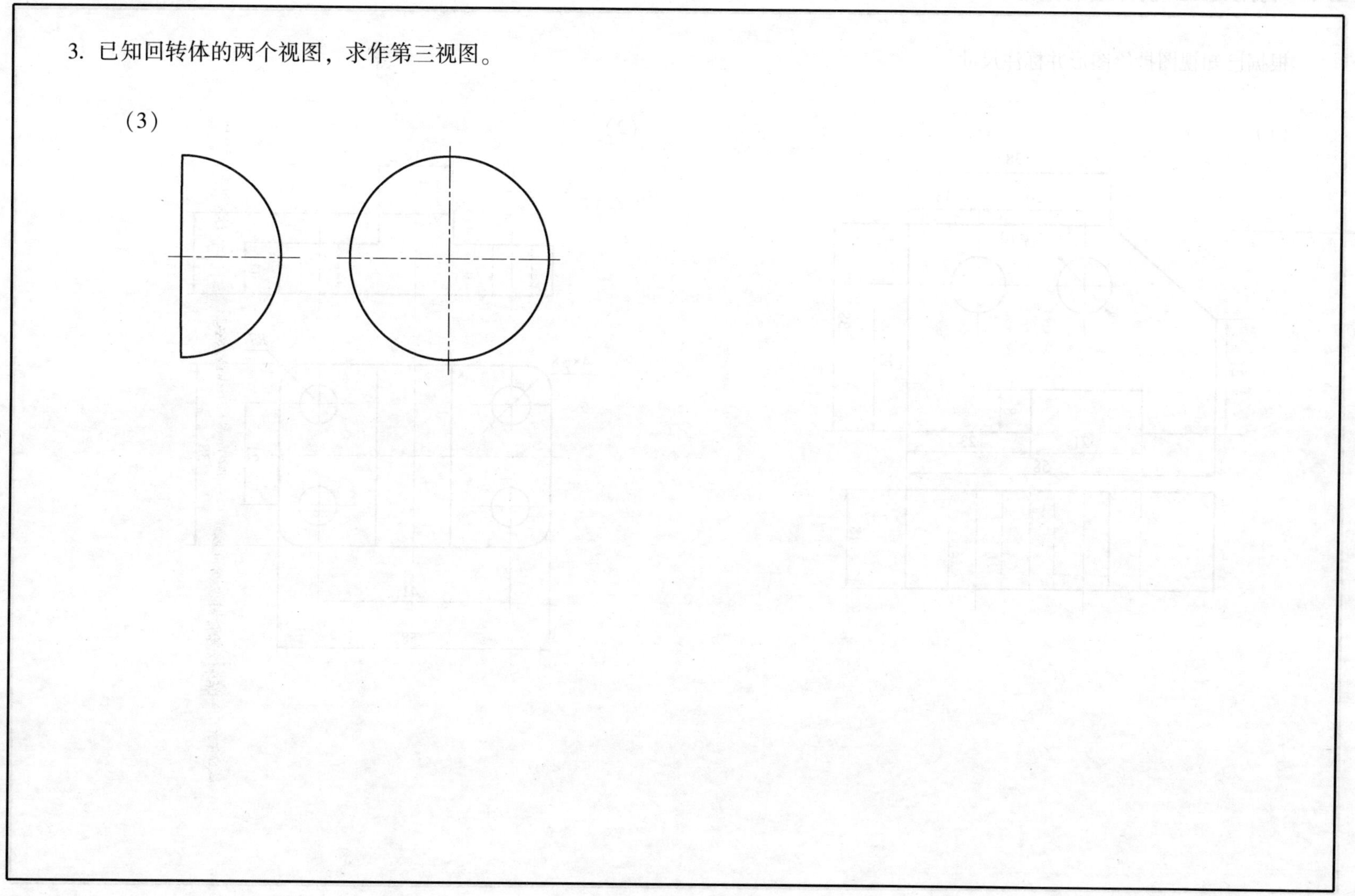

3. 已知回转体的两个视图，求作第三视图。

(3)

2.4 利用 CAD 软件绘制图形

根据已知视图抄绘图形并标注尺寸。

(1)

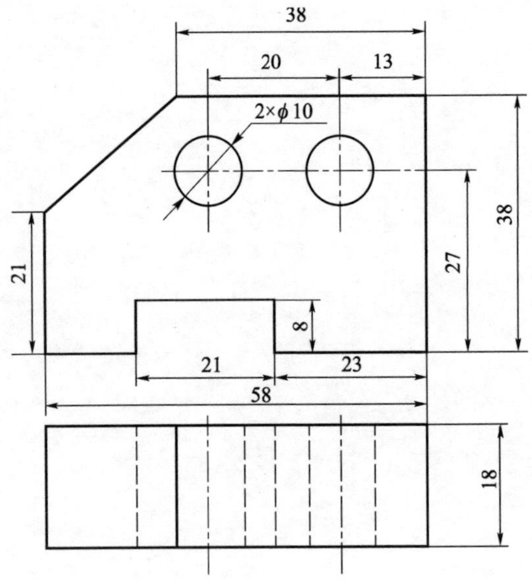

(2)

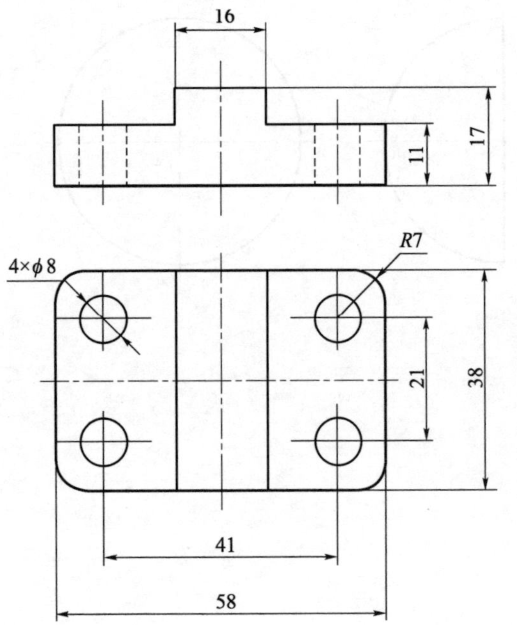

第三章　轴测图与三维建模基础

3.1　画出下列物体的正等轴测图

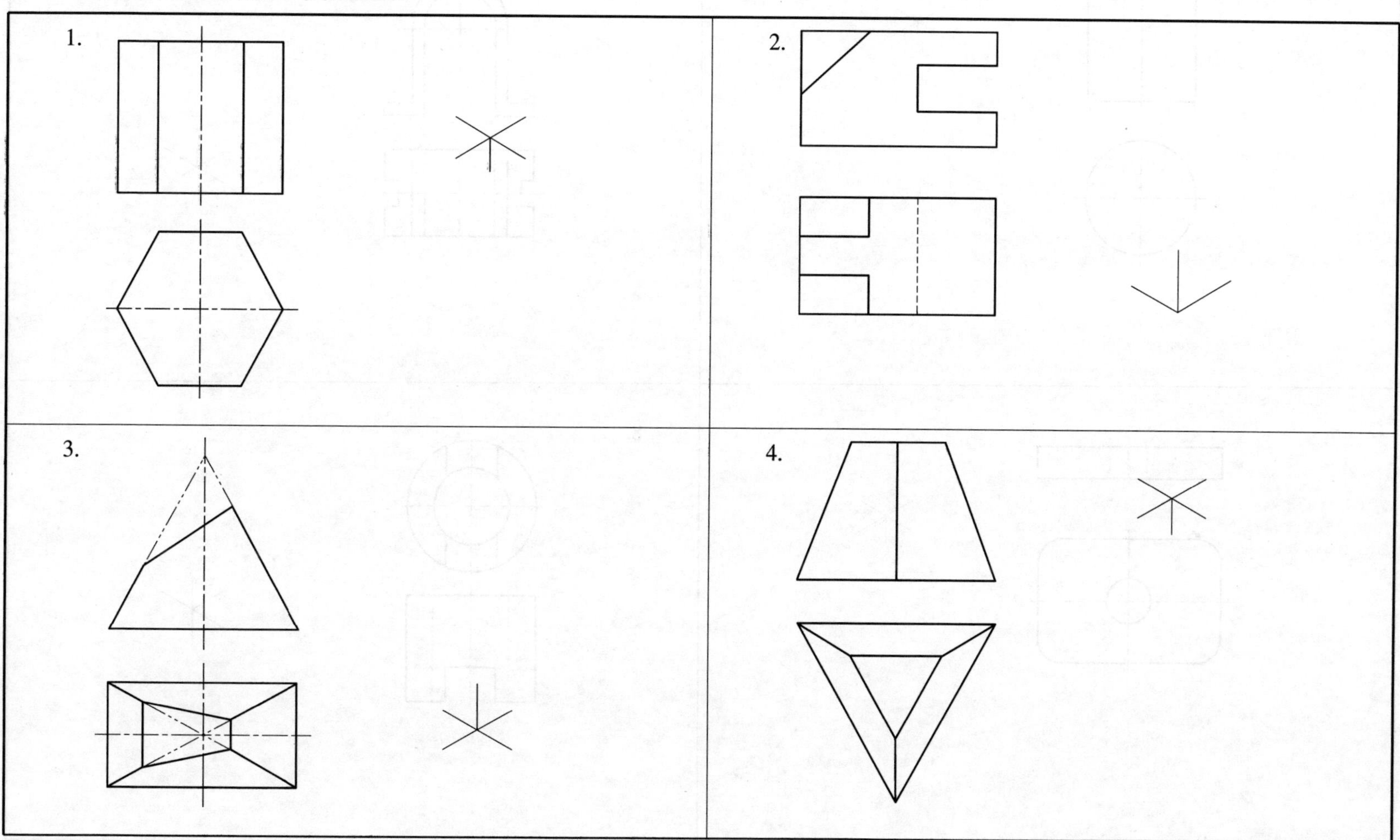

3.1 画出下列物体的正等轴测图

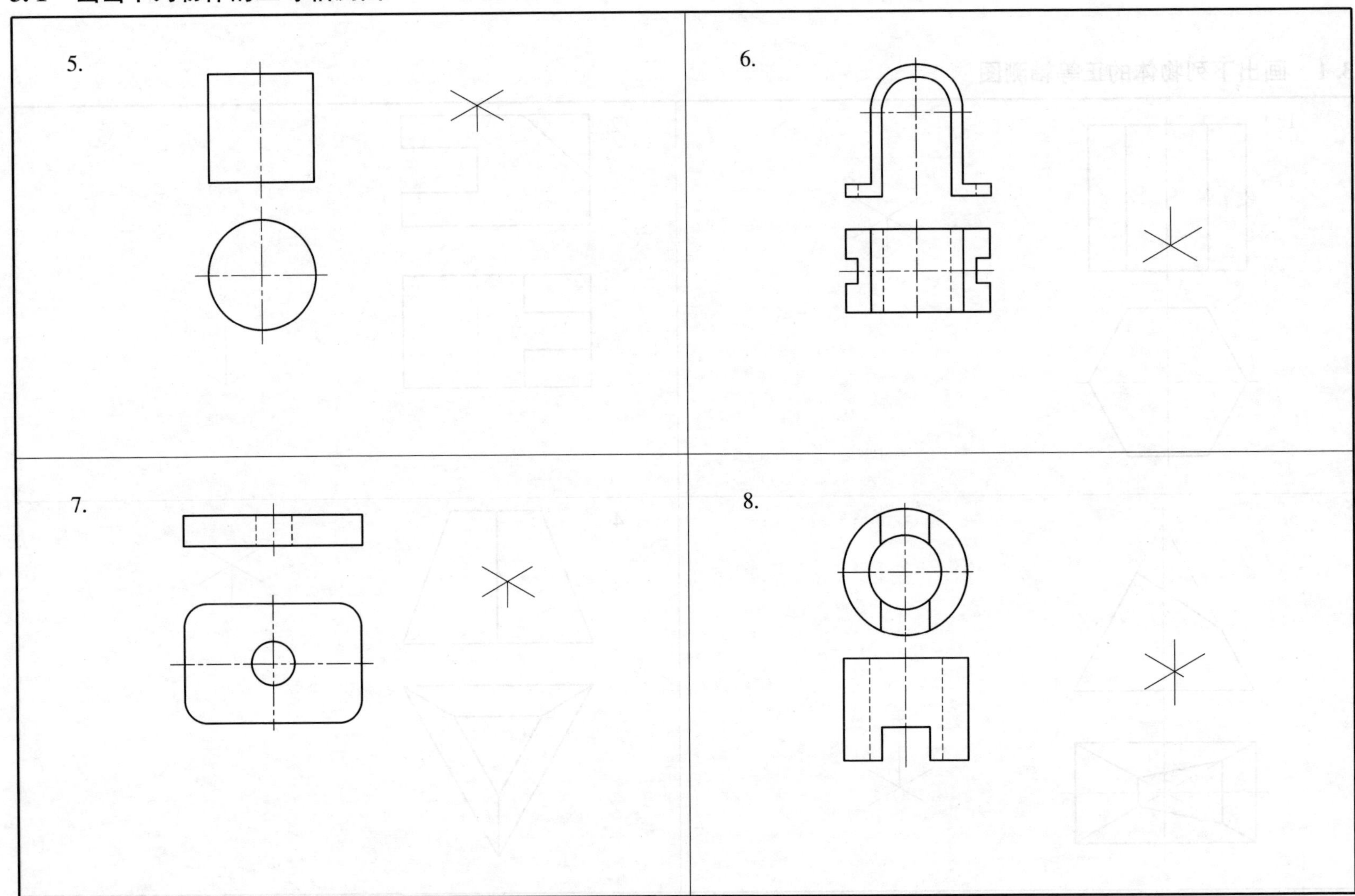

3.2 正等轴测图画法（AutoCAD 练习）

1. 打开文件 3.2-1.dwg，创建物体的三维模型，利用平面投影命令创建正等轴测图。

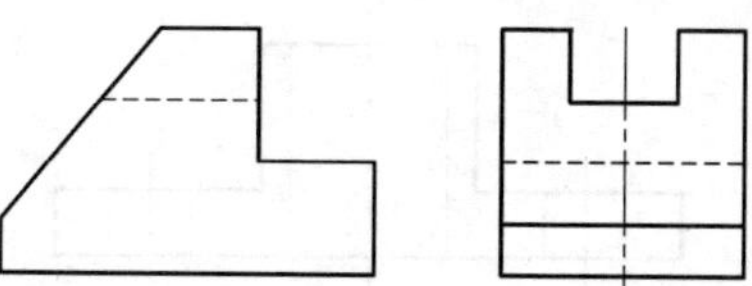

2. 打开文件 3.2-2.dwg，创建物体的三维模型，利用平面投影命令创建正等轴测图。

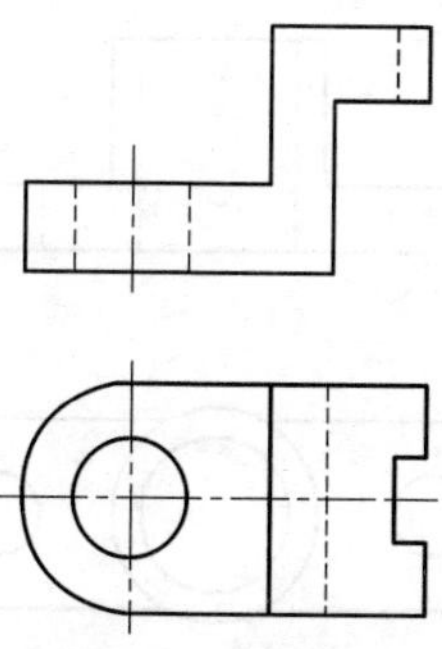

3. 打开文件 3.2-3.dwg，创建物体的三维模型，利用平面投影命令创建正等轴测图。

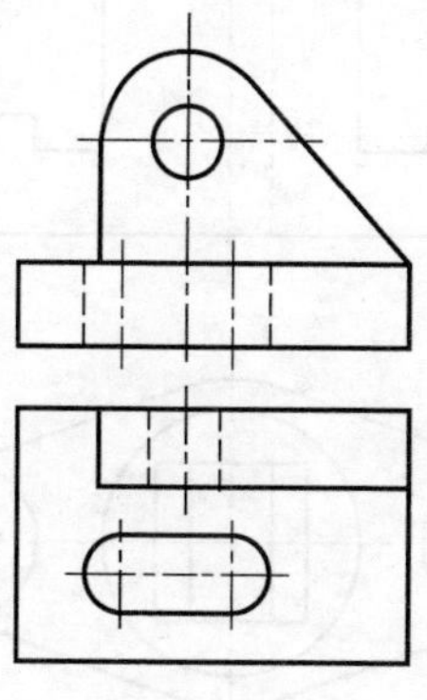

4. 打开文件 3.2-4.dwg，创建物体的三维模型，利用平面投影命令创建正等轴测图。

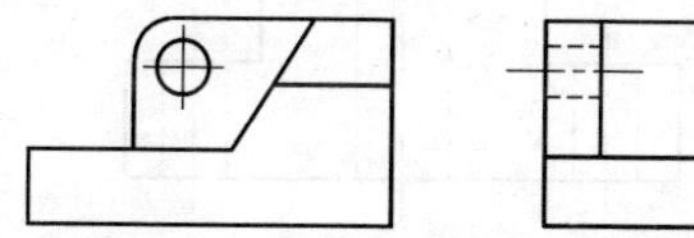

第四章　组　合　体

4.1　补画视图中的缺线

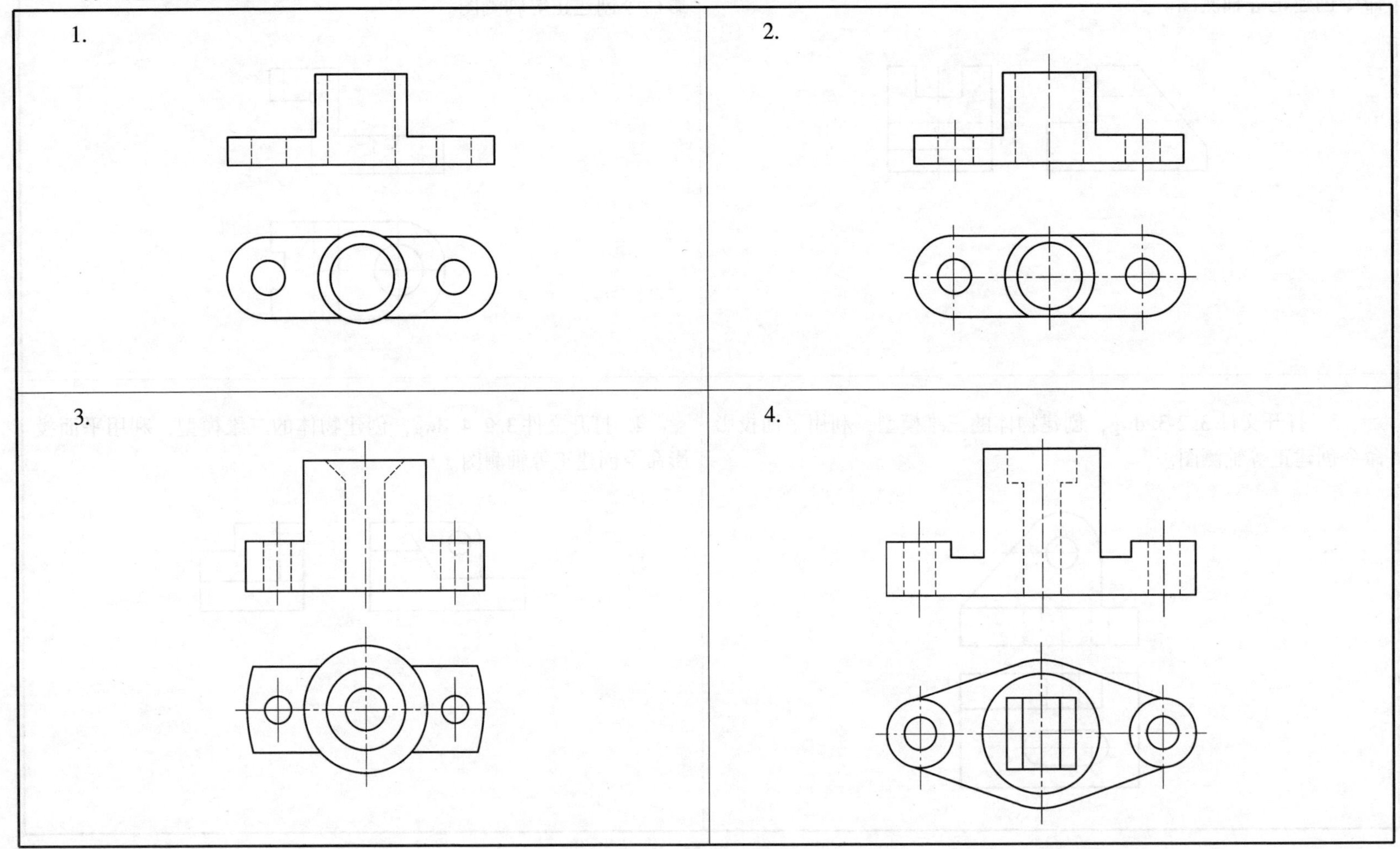

4.2 用 AutoCAD 绘制下列立体的三视图（尺寸从图中量取）

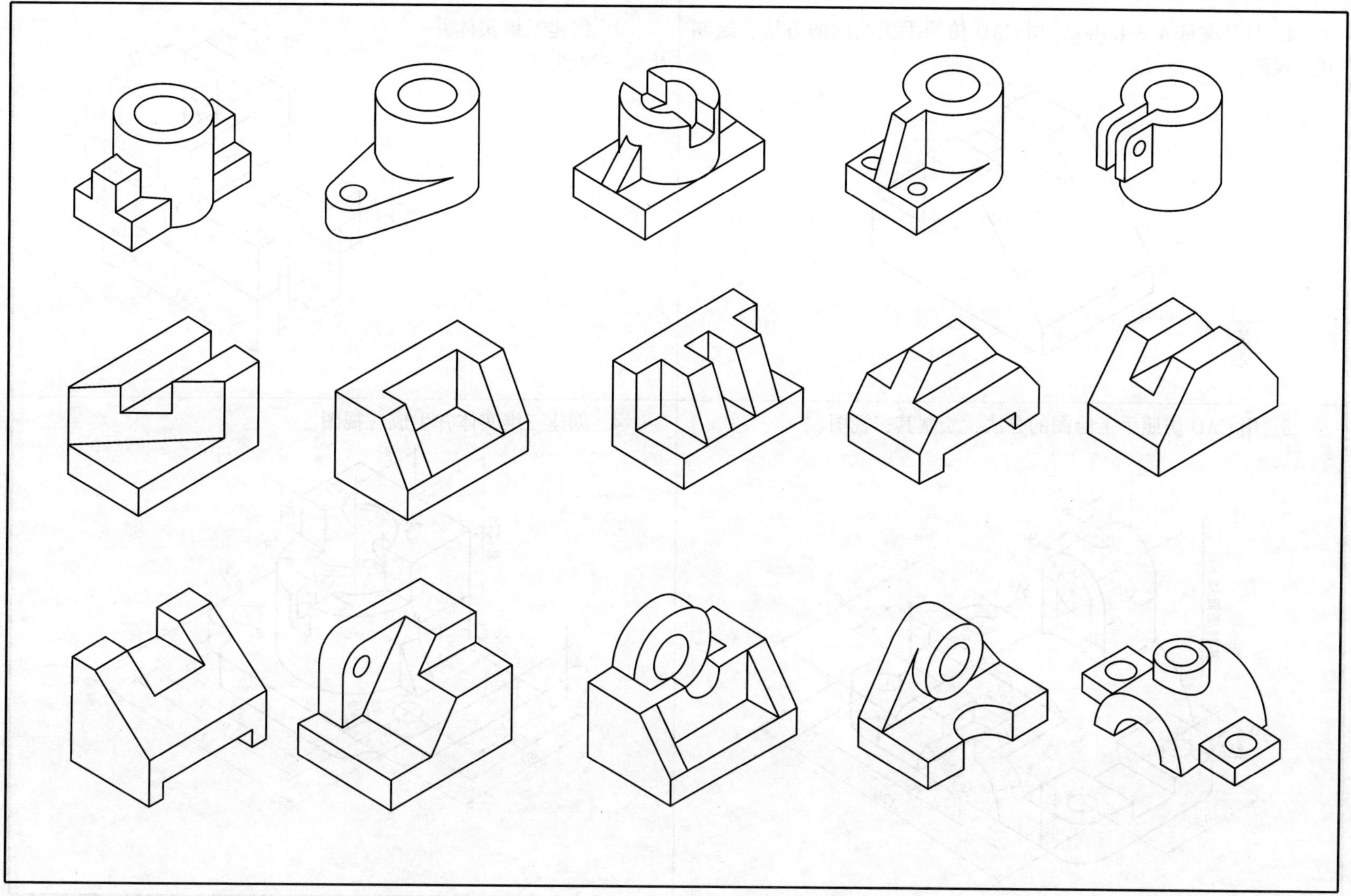

4.3　组合体画法（AutoCAD 练习）

1. 打开文件 4. 3-1. dwg，用 CAD 仿照手工绘图的方法，绘制其三视图。

2. 创建三维实体并生成三视图。

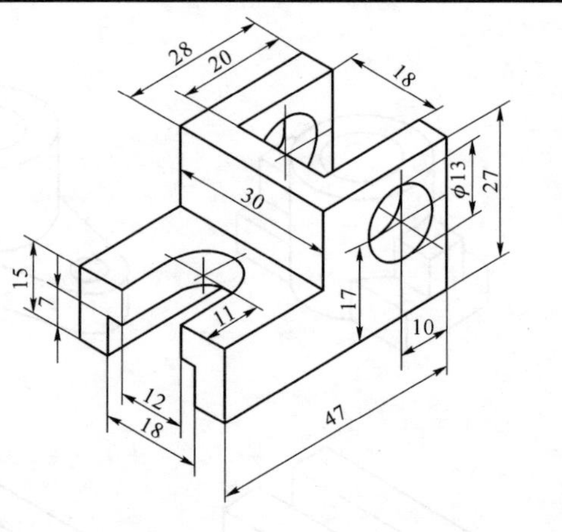

3. 用 CAD 仿照手工绘图的方法，绘制其三视图。

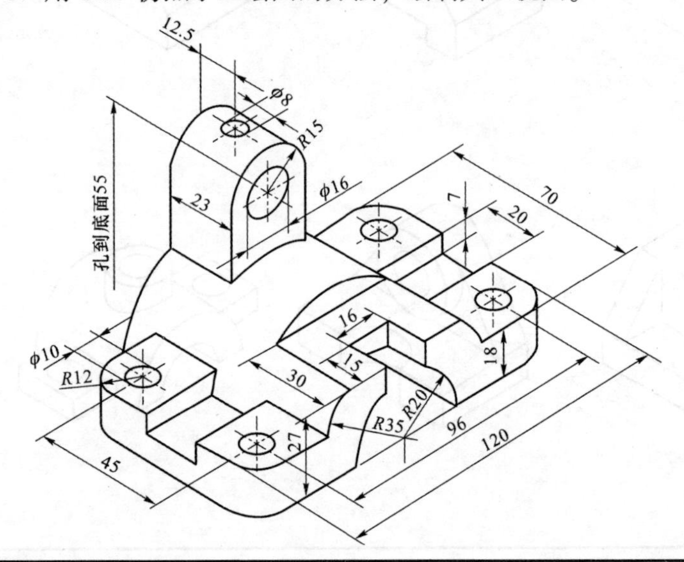

4. 创建三维实体并生成三视图。

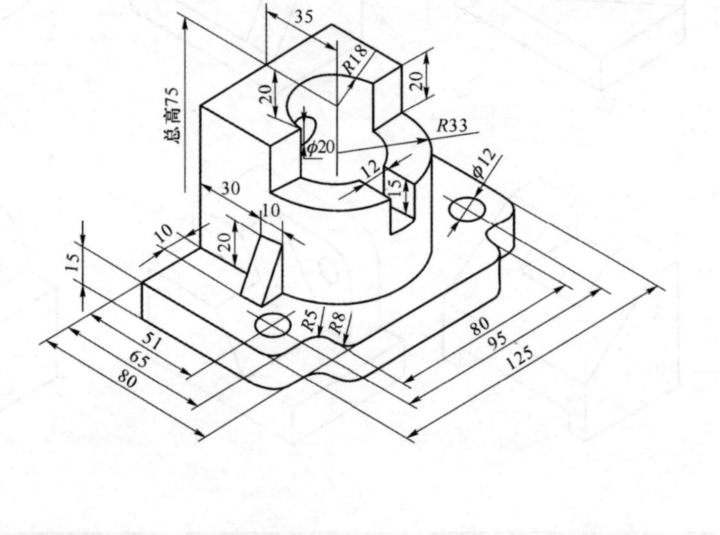

4.4 标注组合体的尺寸（尺寸从图中量取，取整数）

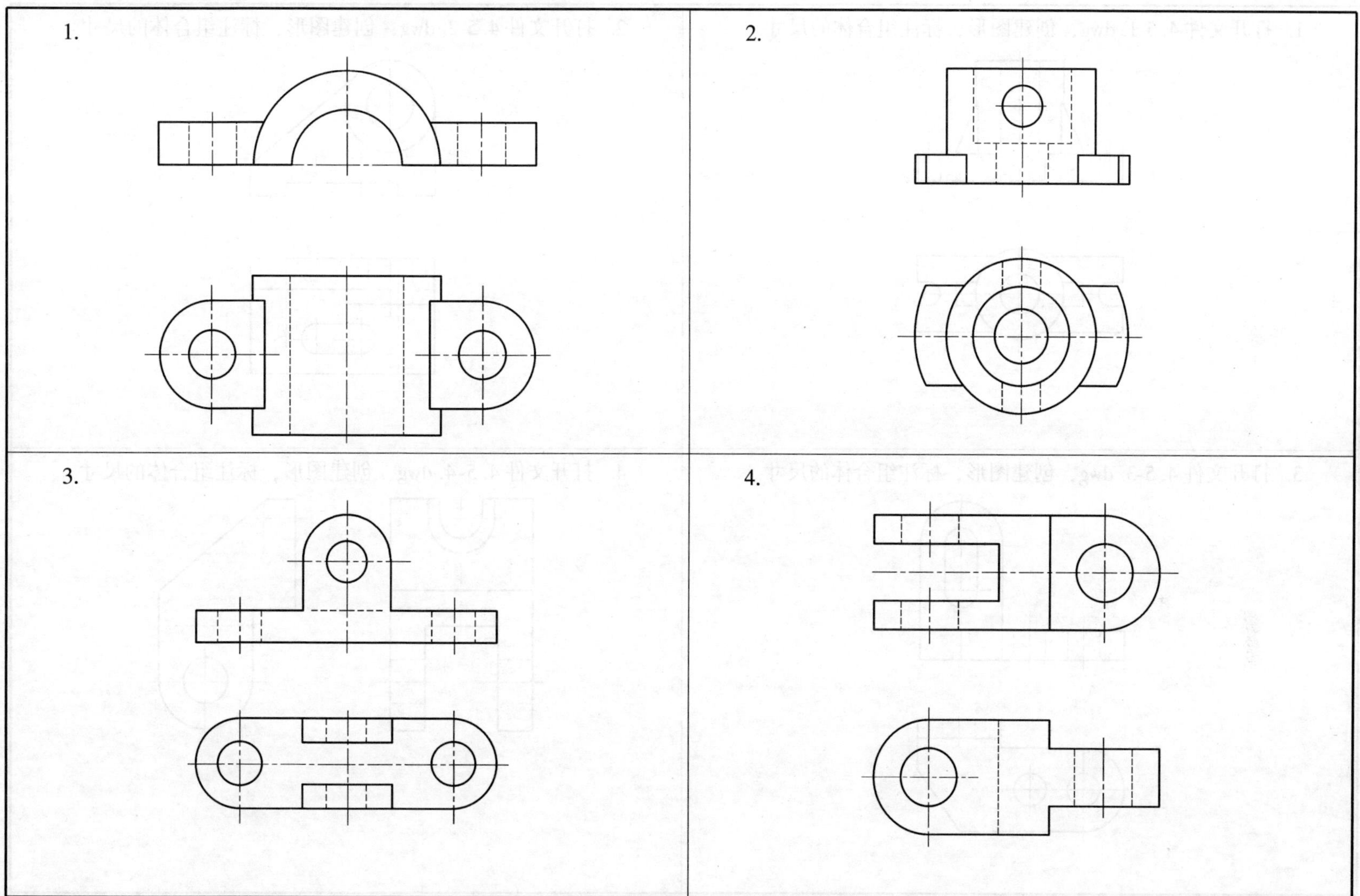

4.5 组合体尺寸标注（AutoCAD 练习）

1. 打开文件 4.5-1.dwg，创建图形，标注组合体的尺寸。

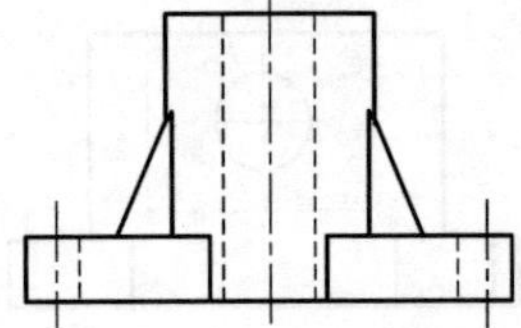

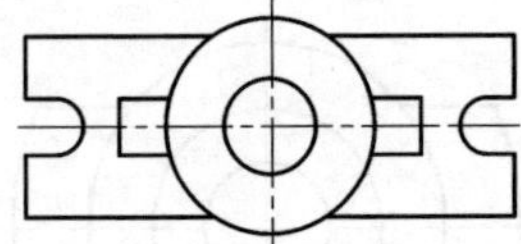

2. 打开文件 4.5-2.dwg，创建图形，标注组合体的尺寸。

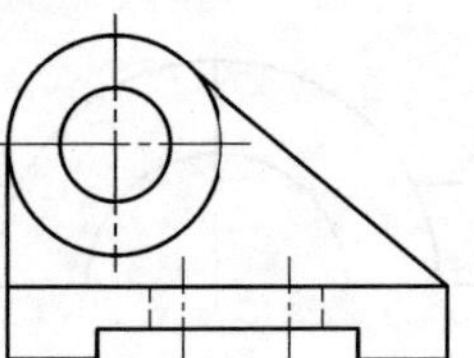

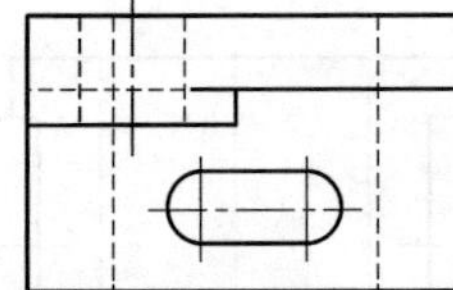

3. 打开文件 4.5-3.dwg，创建图形，标注组合体的尺寸。

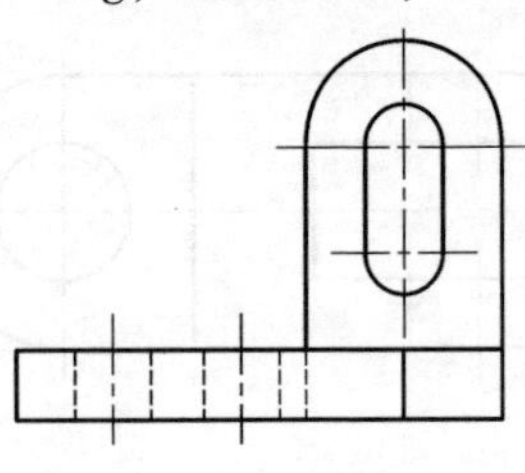

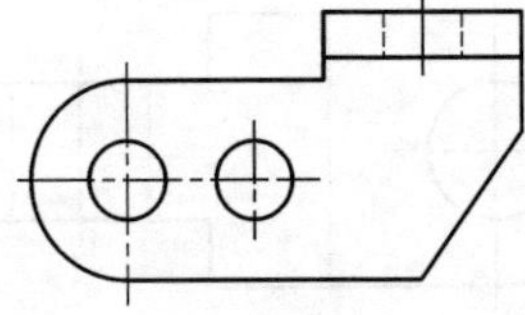

4. 打开文件 4.5-4.dwg，创建图形，标注组合体的尺寸。

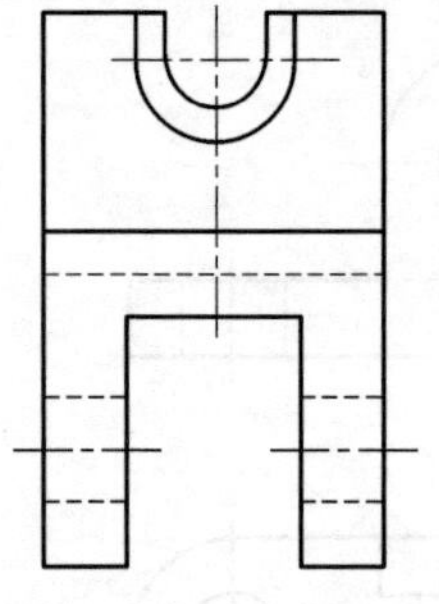

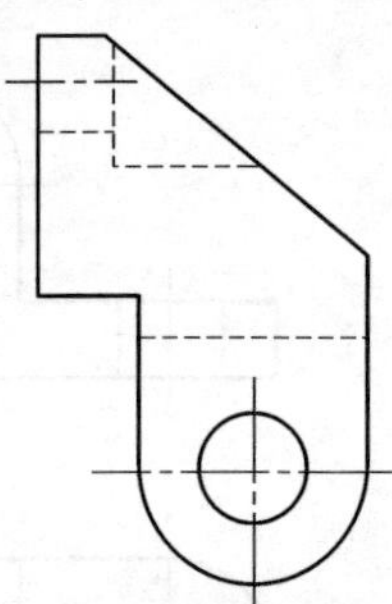

4.6 根据组合体的两视图补画第三视图

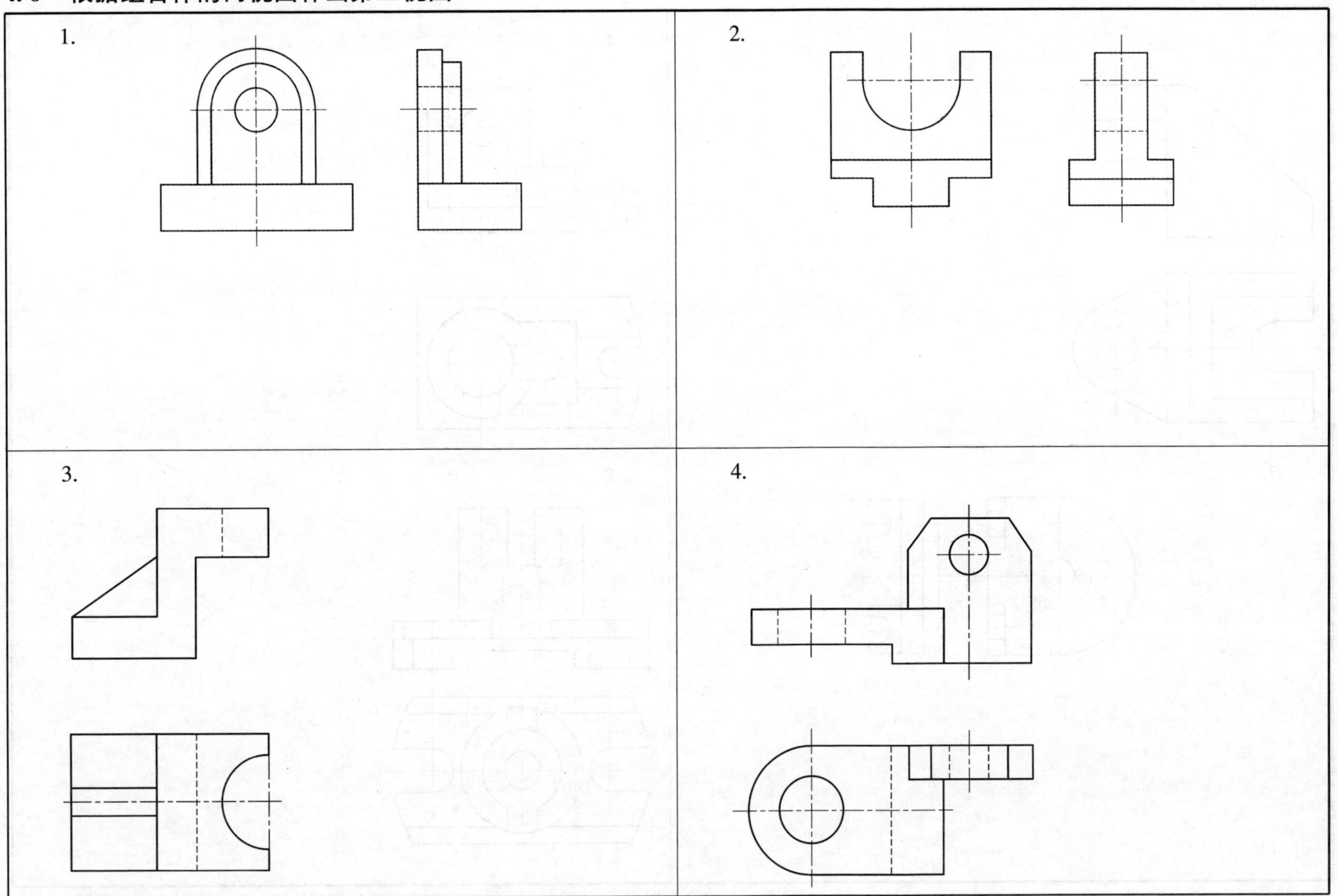

4.6 根据组合体的两视图补画第三视图

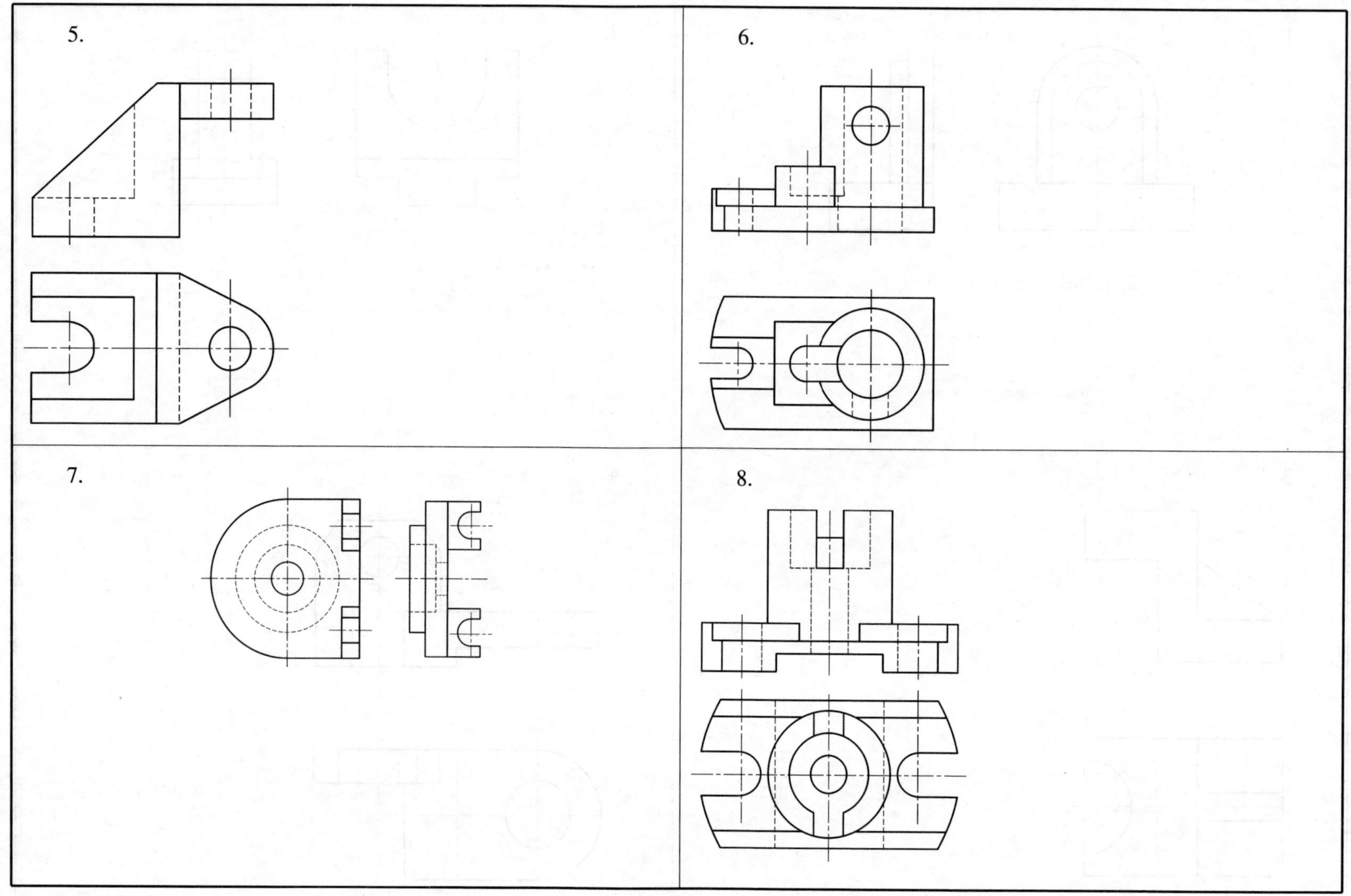

4.7 补齐三视图中漏缺的图线

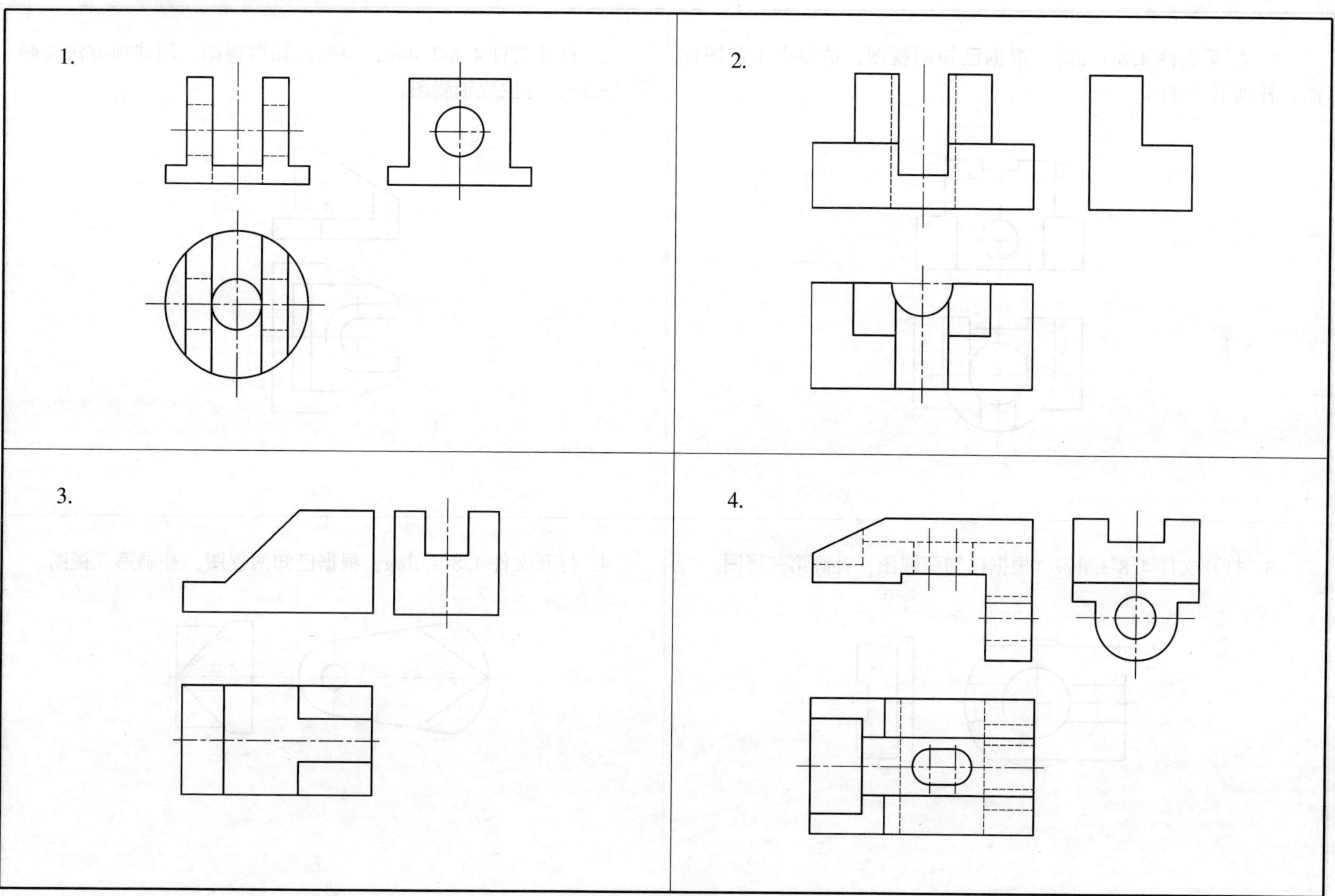

4.8 组合体视图的识读（AutoCAD 练习）

1. 打开文件 4. 8-1. dwg，根据已知两视图，仿照手工制图方法，补画第三视图。

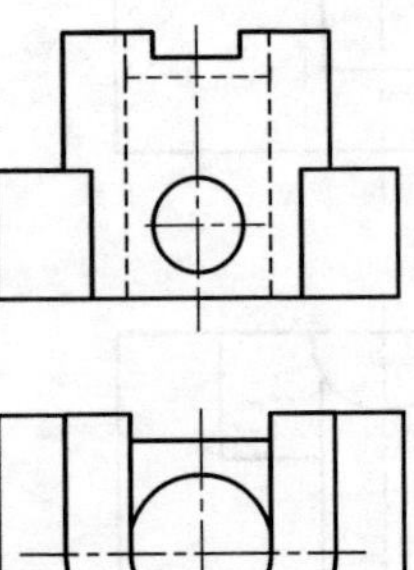

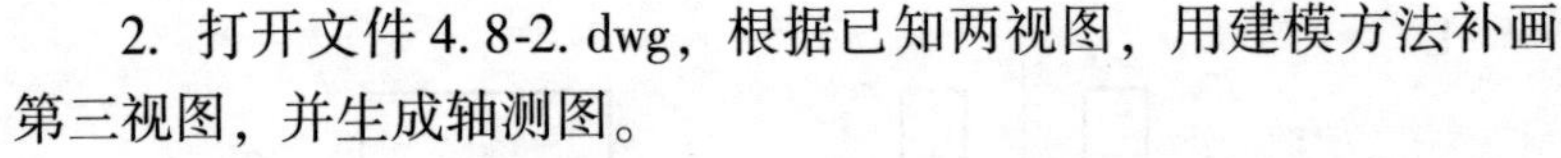

2. 打开文件 4. 8-2. dwg，根据已知两视图，用建模方法补画第三视图，并生成轴测图。

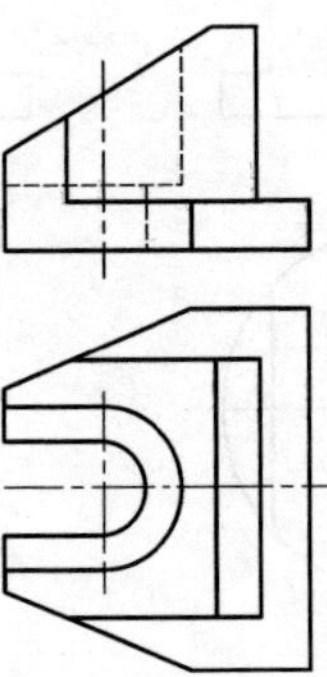

3. 打开文件 4. 8-3. dwg，根据已知两视图，补画第三视图。

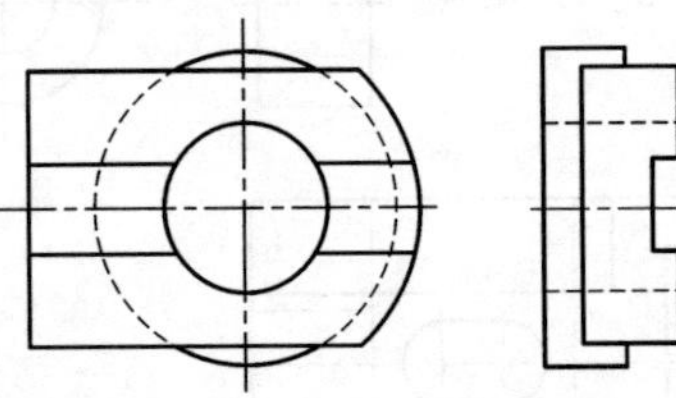

4. 打开文件 4. 8-4. dwg，根据已知两视图，补画第三视图。

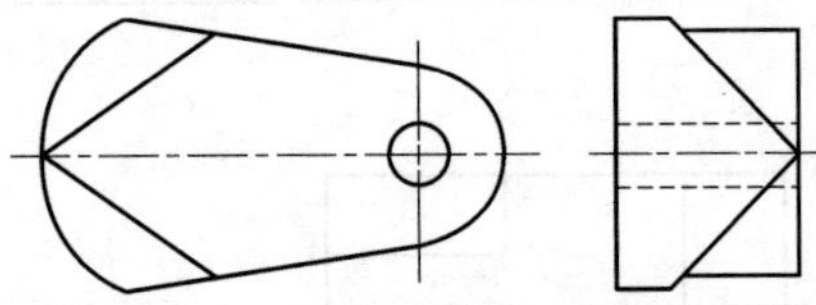

第五章　机件的常用表达方法

5.1　基本练习

一、填空题

1. 我国于______年发布的现行有效的《技术制图 图样画法 视图》国家标准中规定，视图通常有基本视图、________、________和________。

2. 向视图是可________的视图。当指明投射方向的箭头附近注有字母 A 时，则应在向视图的上方标注________。

3. 局部视图是将物体的某一部分向________投射所得的视图。局部视图可按________配置形式配置，也可按________的配置形式配置并标注。

4. 局部视图和斜视图一样，其断裂边界可采用______线或______线。当其所表示的局部结构完整时，可省略不画断裂边界线。

5. 斜视图是物体向不平行于________的平面投射所得的视图。斜视图通常按__________的配置形式配置并标注。必要时，允许将斜视图旋转____________配置。当某一旋转配置的斜视图的名称为 B，且必须注明旋转角度（顺时针转 60°）时，则应在斜视图上方标注______________。

6. 根据物体的结构特点，可选择以下三种剖切面剖开物体：__________面；几个平行的剖切平面；______________面（交线垂直于某一投影面）。

7. 同一金属零件的剖视图、断面图的剖面线，应画成间隔相等、方向相同而且最好与__________线或剖面区域的__________线成 45°角。

8. 剖视图按剖切范围分可分为__________视图、__________视图和__________视图。

9. 用剖切面完全地剖开物体所得的剖视图称为____________图。它适用于____________比较复杂、____________比较简单的零件。

10. 当机件具有对称平面时，向垂直于对称平面的投影面上投射所得的图形，可以以__________线为界，一半画成__________，另一半画成视图，这样的图形称为__________图。

11. 画移出断面时，当剖切面通过回转面形成的孔或凹坑的轴线时，这些结构按__________绘制；当剖切面通过非圆孔，会导致出现完全分离的断面时，则这些结构应按__________绘制。

12. 移出断面图的轮廓线用__________绘制。移出断面图配置在__________的延长线上或其他适当的位置。重合断面图的断面轮廓线则用__________绘制。

13. 将机件的部分结构，用大于__________所采用的比例画出的图形称为局部放大图。局部放大图上方标注的比例是指局部放大图的__________与其__________相应要素的线性尺寸之比。

14. 对于机件的肋、轮辐及薄壁等，如按______________________剖切，这些结构都不画剖面符号。当零件回转体上均匀分布的肋、轮辐、孔等结构不处于剖切平面上时，可将这些结构旋转到________________________上画出。

二、选择题

1. 根据图样画法的最近国家标准规定，视图可分为________。

A. 基本视图、局部视图、斜视图和旋转视图四种　B. 基本视图、向视图、局部视图、斜视图和旋转视图五种

C. 基本视图、局部视图、斜视图和向视图四种　D. 基本视图、向视图、斜视图和旋转视图四种

2. 向视图的配置可表述为________。

A. 必须按投影关系配置　B. 可以自由配置　C. 应按第三角画法的配置规定配置

3. 表示某一向视图的投影方向的箭头附近注的字母为“N”，则应在视图的上方标注________。

A. N向　B. N　C. N或N向

4. 斜视图是物体向不平行于基本投影面的平面投射所得的视图，斜视图的配置和标注通常按________。

A. 基本视图的配置形式　B. 投影关系的配置形式

C. 局部视图的配置形式和标注规定　D. 向视图的配置形式配置并标注

5. 必要时允许将斜视图旋转配置，此时表示该视图名称的大写拉丁字母应置于________。

A. 旋转符号的前面　B. 旋转符号的后面　C. 旋转符号的前后都可以　D. 靠近旋转符号的箭头端

6. 局部视图的配置规定是________。

A. 只能按局部视图的配置形式配置　B. 只能按向视图的配置形式配置并标注

C. 可按基本视图的配置形式配置，也可按向视图的配置形式配置并标注

D. 只能按投影关系配置

5.1 基本练习

7. 图样采用半剖视表达时，视图与剖视的分界线应是________。

A. 粗实线　　B. 细实线　　C. 细点画线　　D. 双点画线

8. 一组视图中，当一个视图画成剖视图后，其他视图的正确画法是________。

A. 剖去的部分不需要画出　　B. 也要画成剖视图，但应保留被剖切的部分

C. 完整性应不受影响　　D. 上述三种方法都是错误的

9. 当视图中轮廓线与重合断面图的图形重叠时，视图中轮廓线的画法是________。

A. 仍应连续画出，不可间断　　B. 一般应连续画出，有时可间断

C. 应断开，不连续画出　　D. 断开后，按重合断面的轮廓线（细实线）画出

10. 画移出断面图时，当剖切面通过非圆孔会导致出现完全分离的断面时，则________。

A. 这些结构应按就近原则剖视绘制　　B. 不能再画成断面图，应完全按剖视图绘制

C. 仅画出该剖切面与机件接触部分的图形

11. 由两个相交的剖切平面剖切得出的移出断面，画图时________。

A. 中间一定断开　　B. 中间一定不断开

C. 中间一般应断开　　D. 中间一般不断开

12. 对机件的肋、轮辐及薄壁等，如按纵向剖切，这些结构都不画剖面符号，而用一种图线将它与其相邻部分分开，这种图线是________。

A. 粗实线　　B. 细实线　　C. 细点画线　　D. 虚线

13. 当零件回转体上均匀分布的肋、轮辐、孔等结构不处于剖切平面上时，则这些结构________。

A. 按不剖绘制　　B. 可按剖切位置剖到多少画多少

C. 可旋转到剖切平面上画出　　D. 可省略不画

14. 当回转体零件上的平面在图形中不能充分表达时，可用一种符号表示这些平面，这种符号的画法是________。

A. 两条平行的细实线　　B. 两条相交的细实线

C. 两条相交的细点画线　　D. 两条相交的粗实线

5.1 基本练习

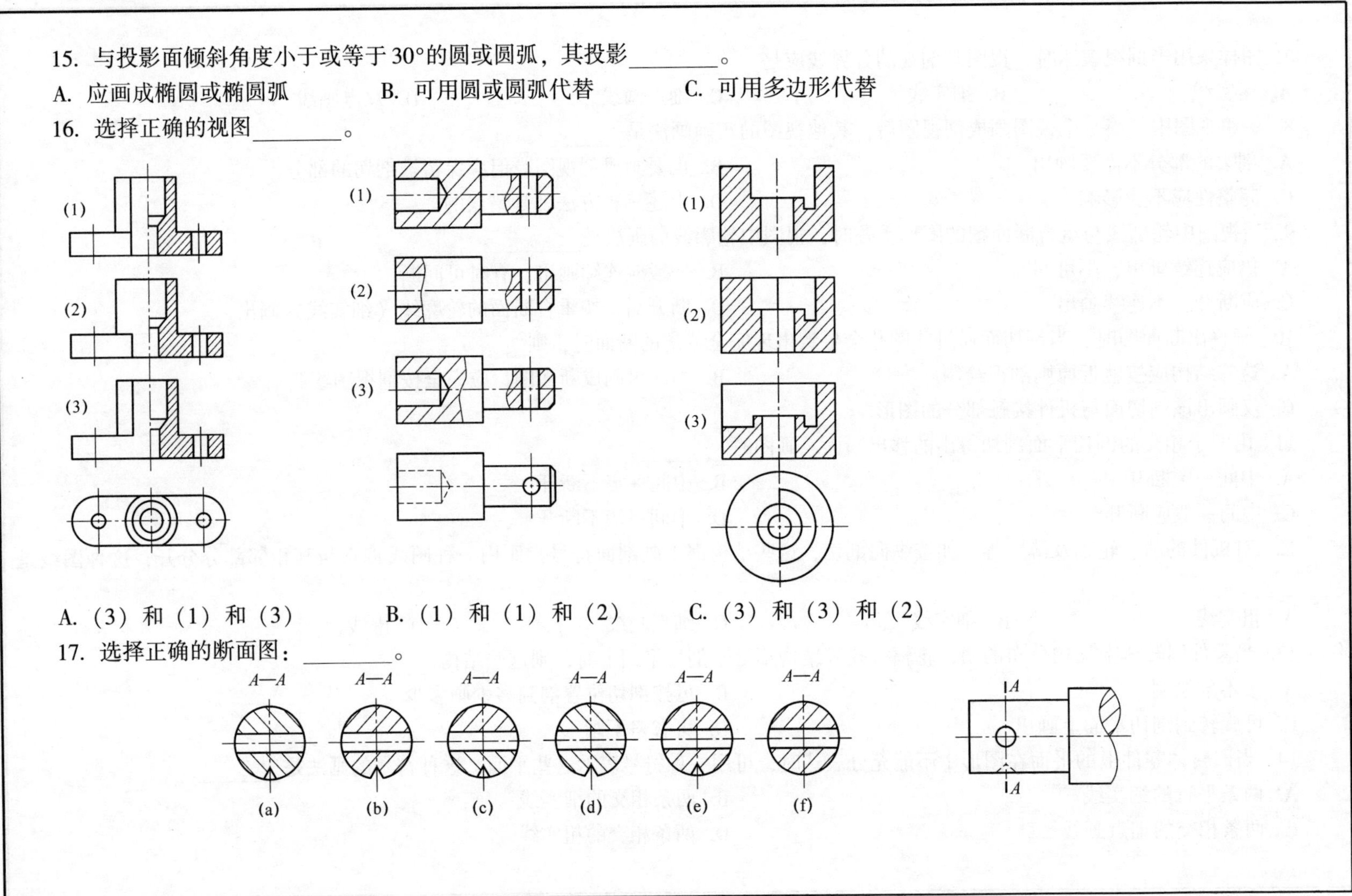

15. 与投影面倾斜角度小于或等于30°的圆或圆弧，其投影________。

A. 应画成椭圆或椭圆弧　　B. 可用圆或圆弧代替　　C. 可用多边形代替

16. 选择正确的视图________。

A.（3）和（1）和（3）　　B.（1）和（1）和（2）　　C.（3）和（3）和（2）

17. 选择正确的断面图：________。

5.1 基本练习

18. 选择正确的断面图：________。

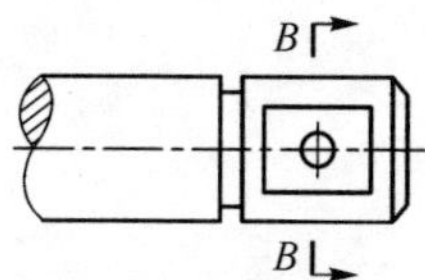

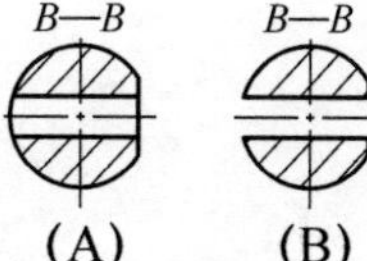

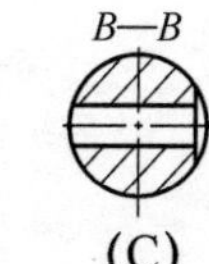

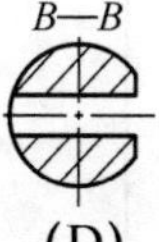

(A)　(B)　(C)　(D)

19. 下列四组画法，正确的是________。

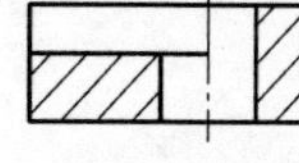
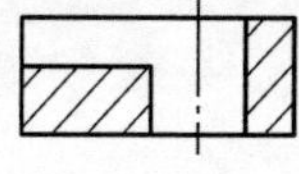
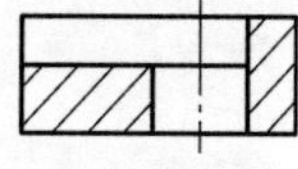
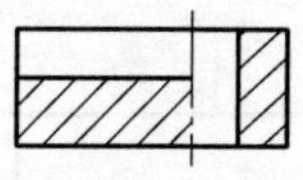

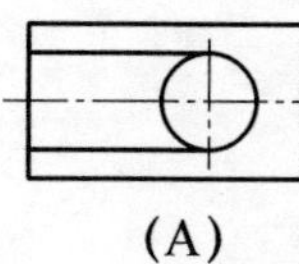
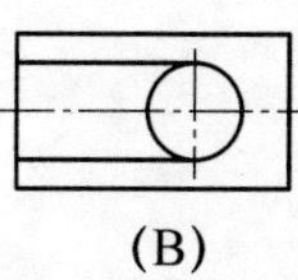
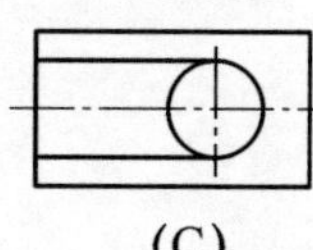
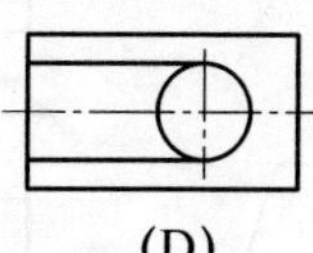

(A)　(B)　(C)　(D)

20. 下列四组图形画法，正确的是________。

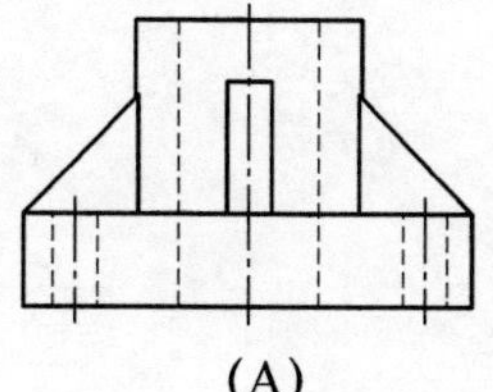
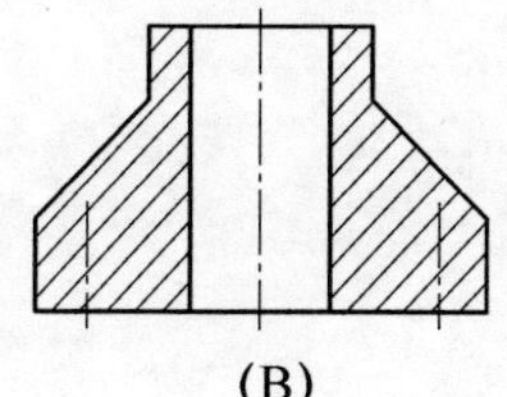
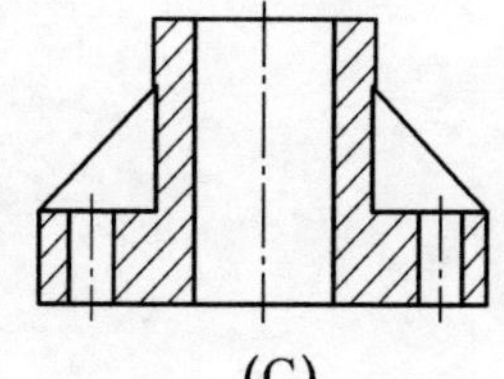
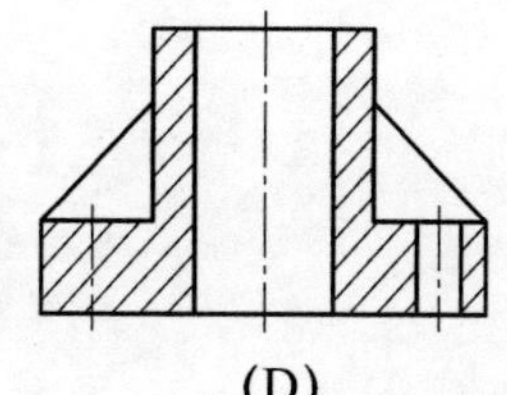

(A)　(B)　(C)　(D)

5.2 绘图练习

1. 根据三视图，补全六个基本视图。

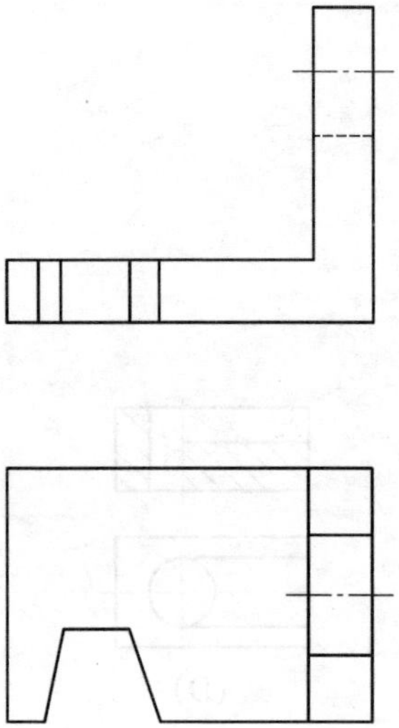

5.2 绘图练习

2. 补画 *A* 向局部视图和 *B* 向斜视图。

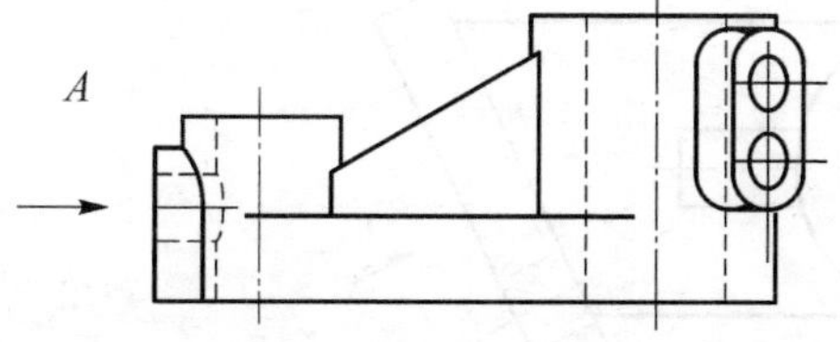

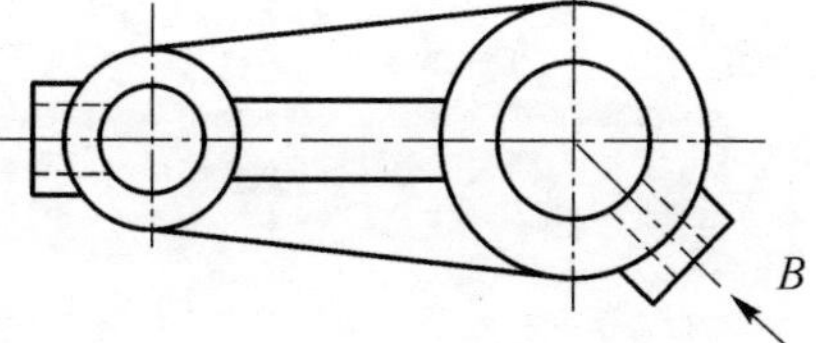

3. 补画 *A* 向斜视图。

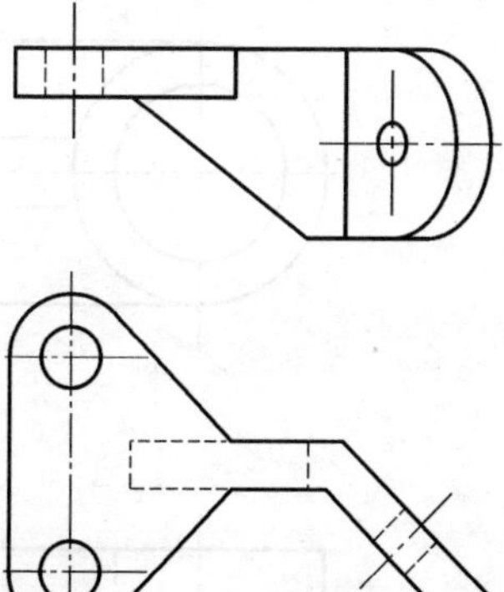

5.2 绘图练习

4. 补画 *A* 向斜视图。

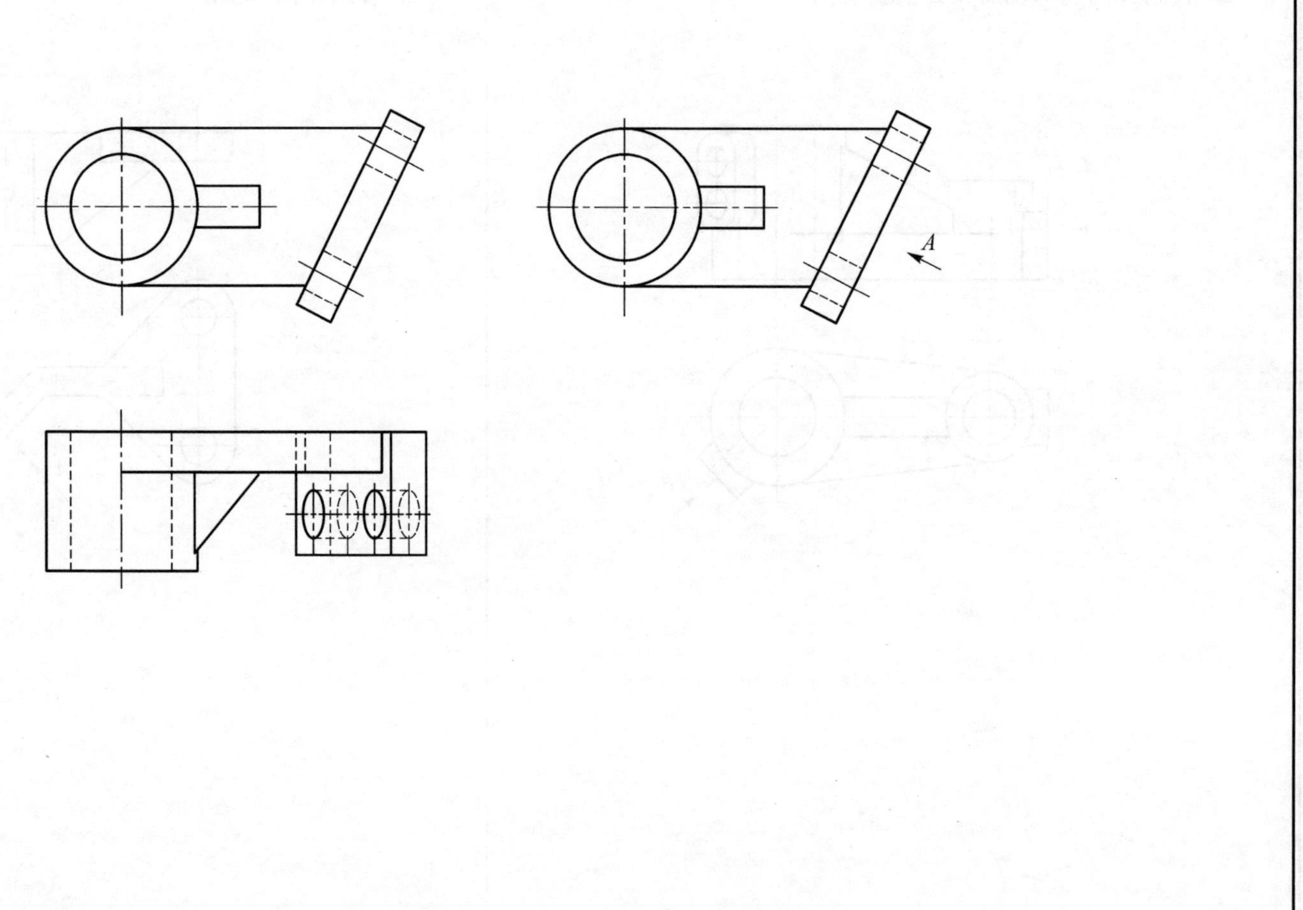

5.3 剖视图练习

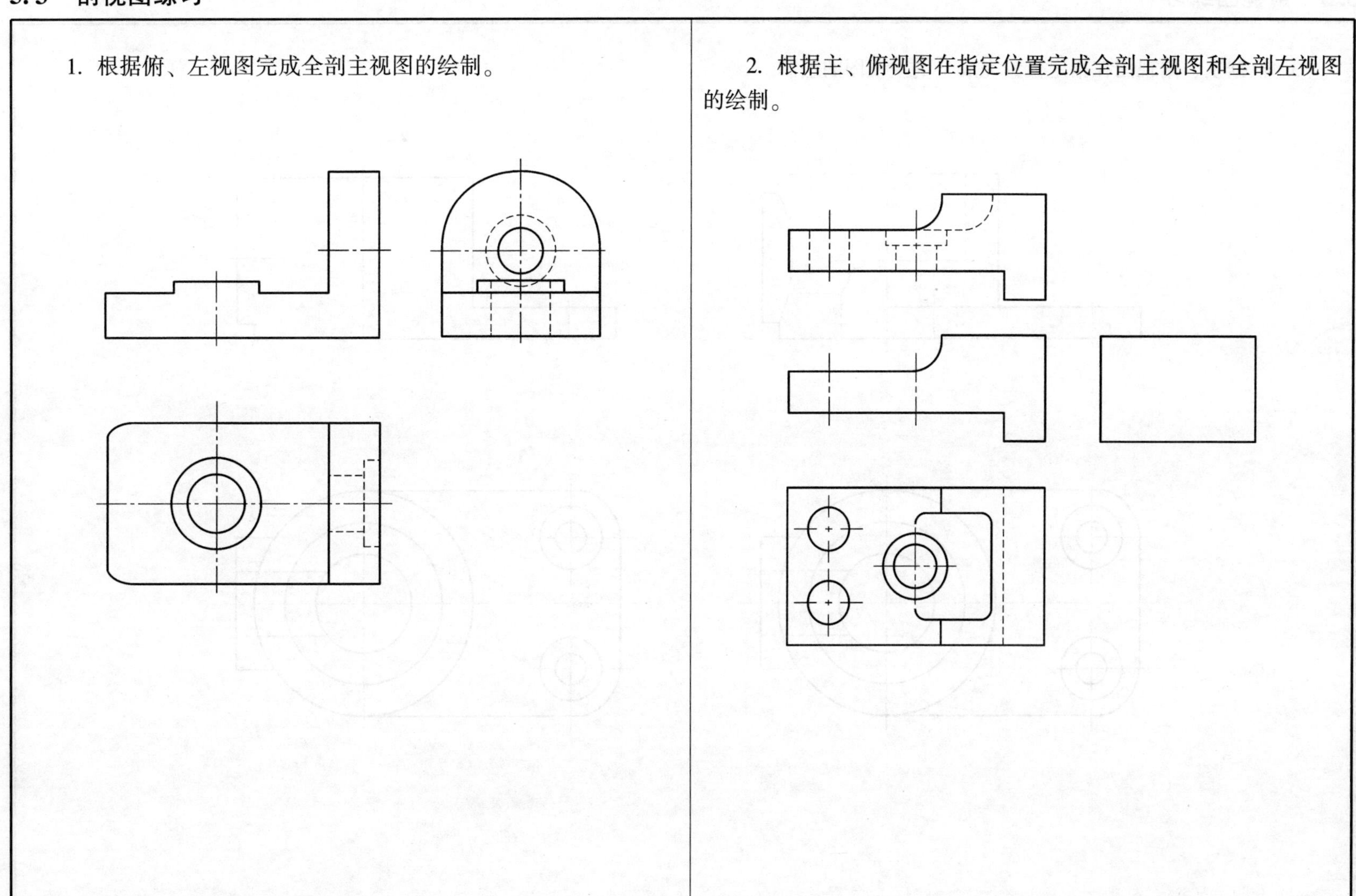

1. 根据俯、左视图完成全剖主视图的绘制。

2. 根据主、俯视图在指定位置完成全剖主视图和全剖左视图的绘制。

3. 根据主、俯视图在指定位置完成全剖主视图的绘制。

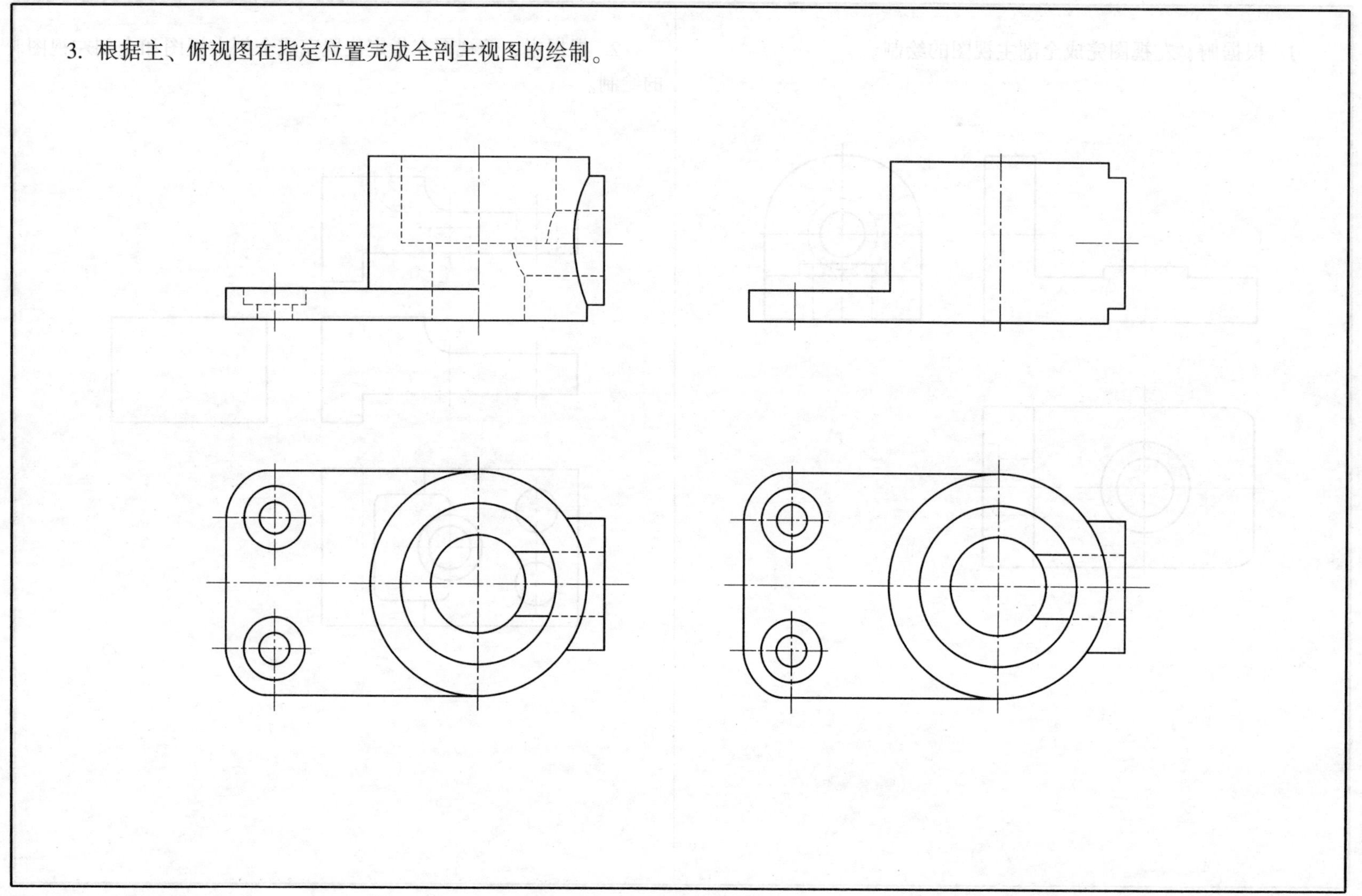

5.3 剖视图练习

4. 根据主、俯视图完成全剖俯视图的绘制。

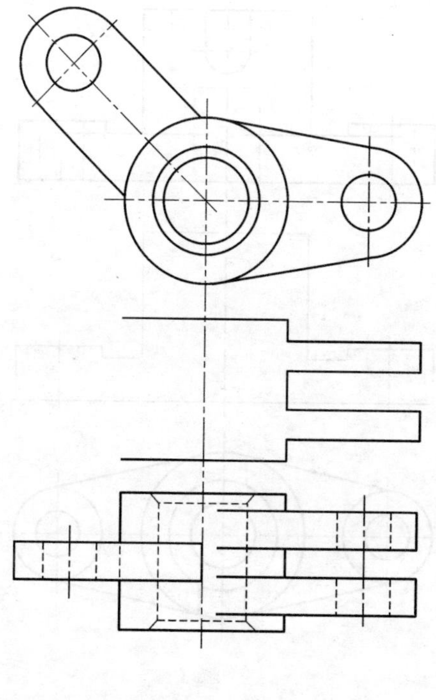

5. 根据主、俯视图完成全剖主视图的绘制。

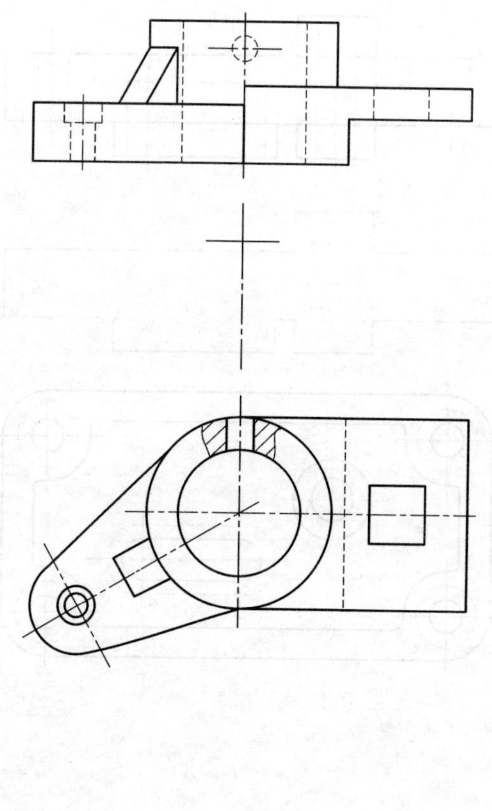

5.3 剖视图练习

6. 根据主、俯视图完成全剖主视图的绘制。

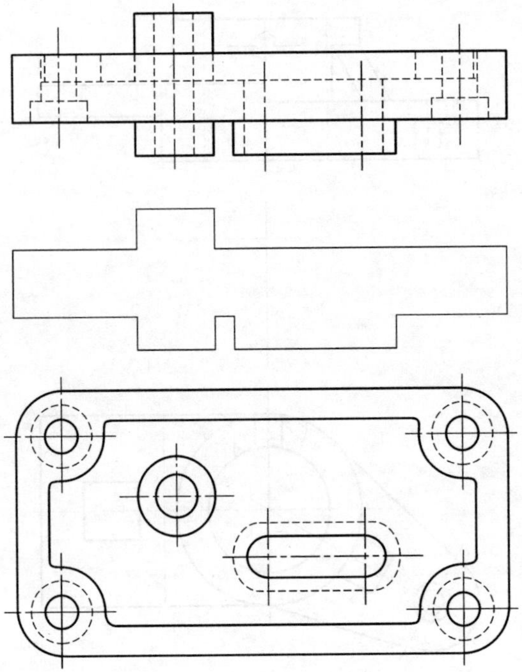

7. 根据主、俯视图完成半剖主视图的绘制。

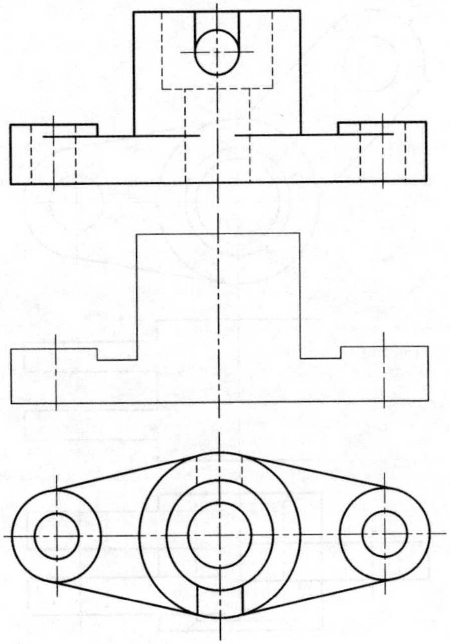

8. 根据主、俯视图完成半剖主视图的绘制。

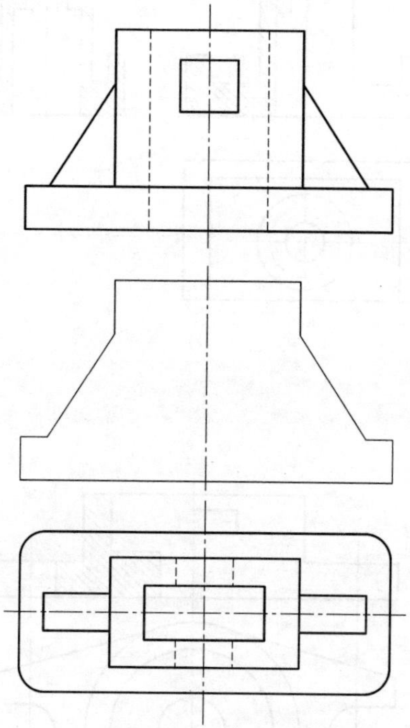

9. 根据主、俯视图补画主视图的半剖视图及左视图的全剖视图。

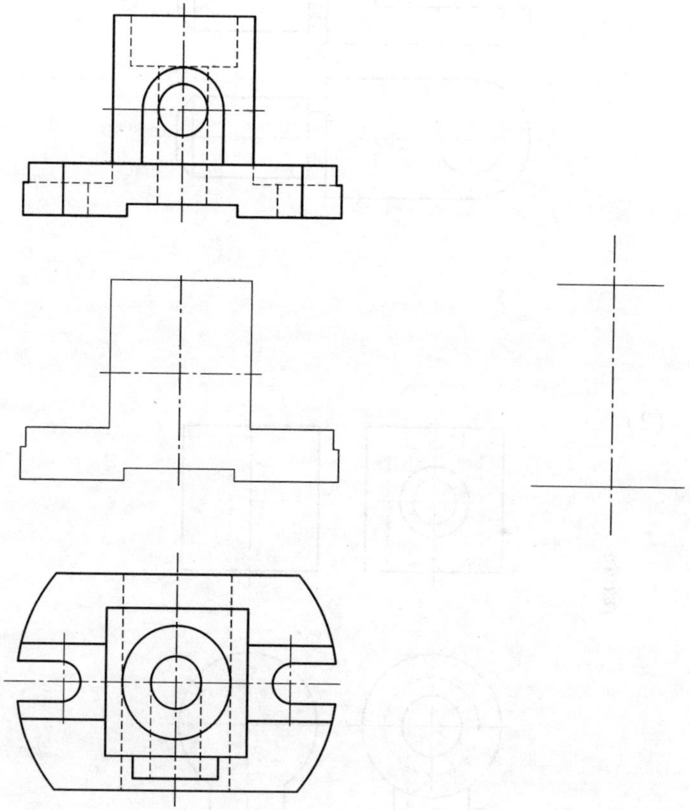

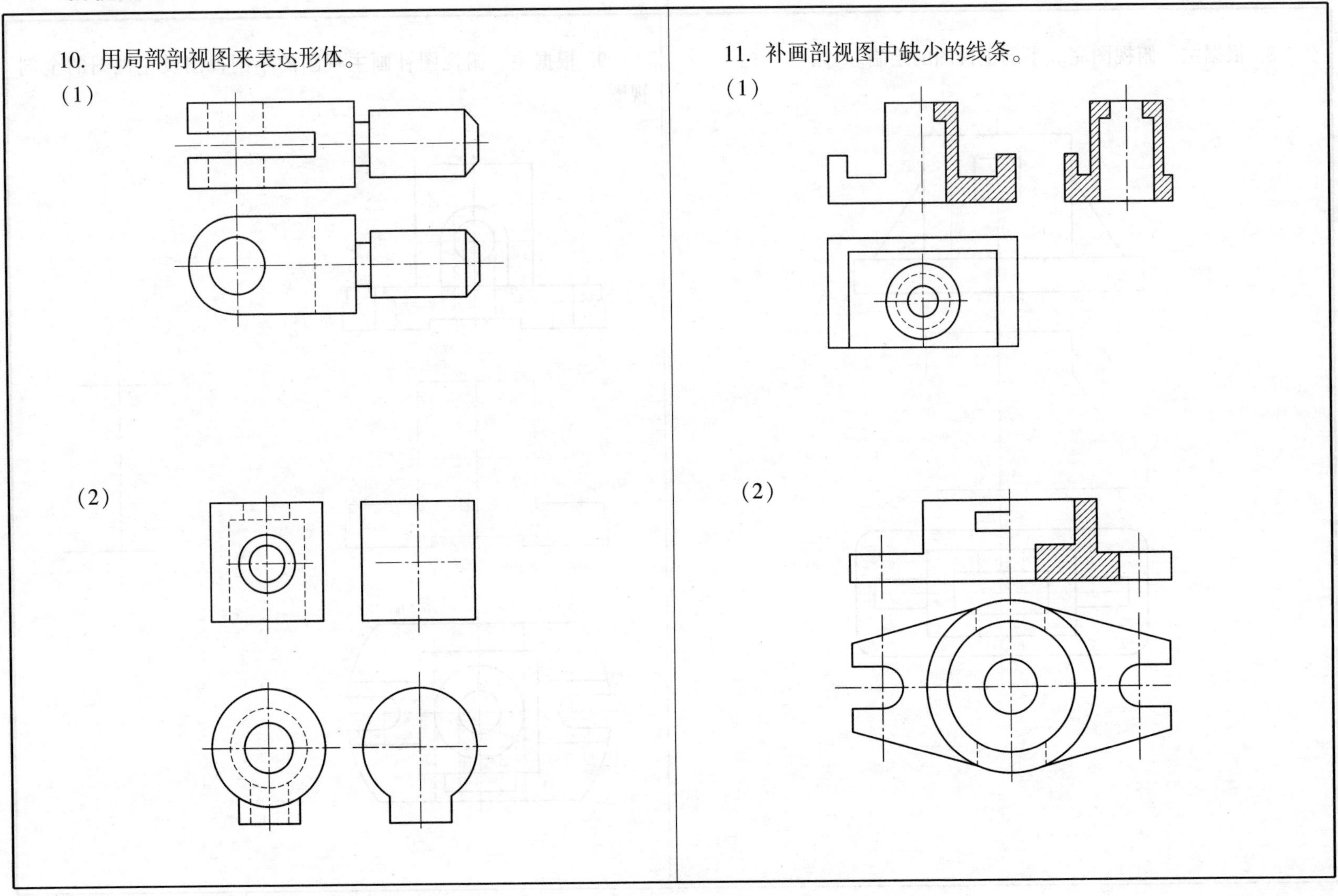
10. 用局部剖视图来表达形体。
(1)
(2)
11. 补画剖视图中缺少的线条。
(1)
(2)

5.3 剖视图练习

12. 补画剖视图中缺少的线条。

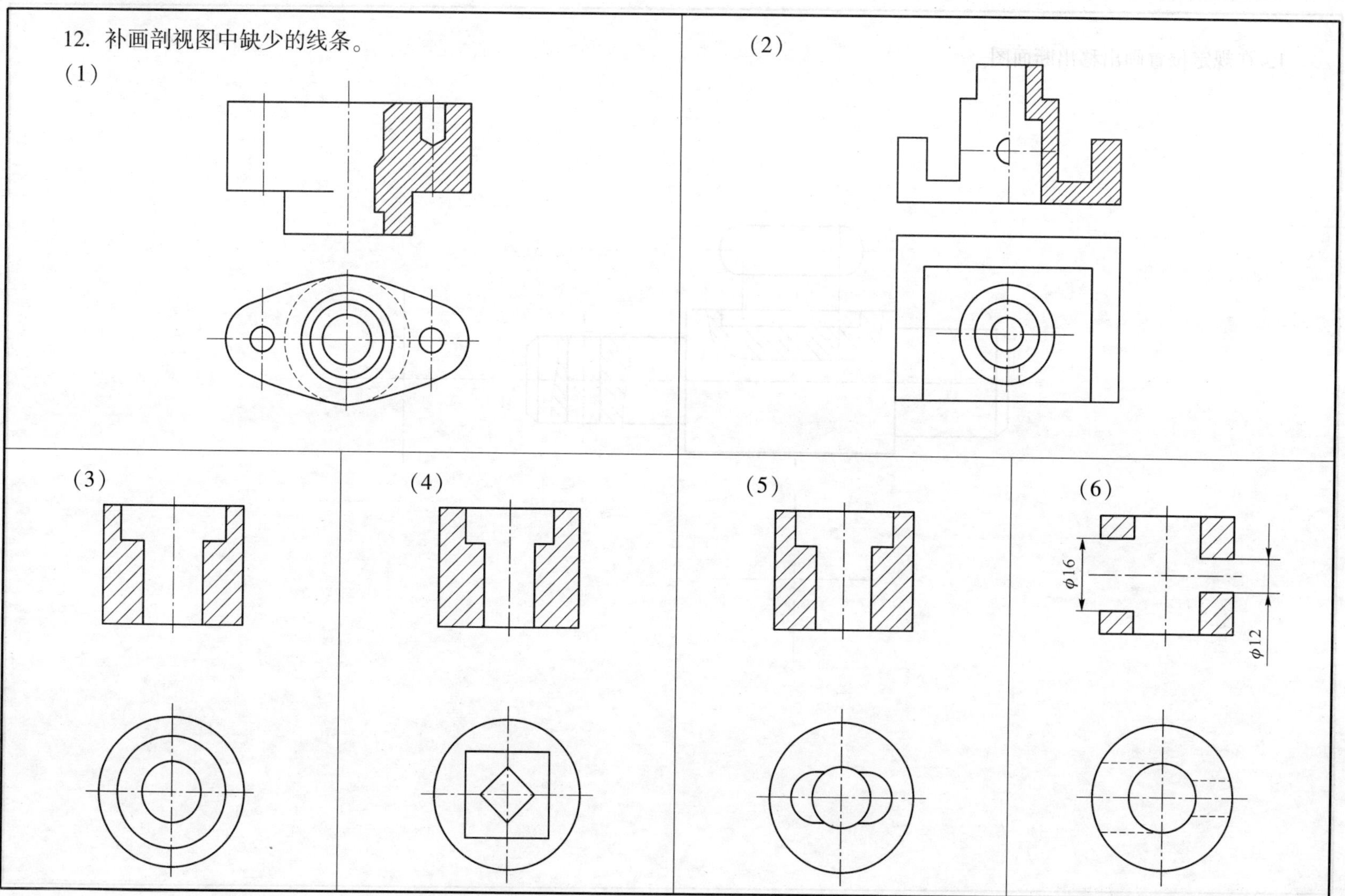

5.4 断面图绘图练习

1. 在规定位置画出移出断面图。

5.4　断面图绘图练习

2. 在规定位置画出移出断面图。

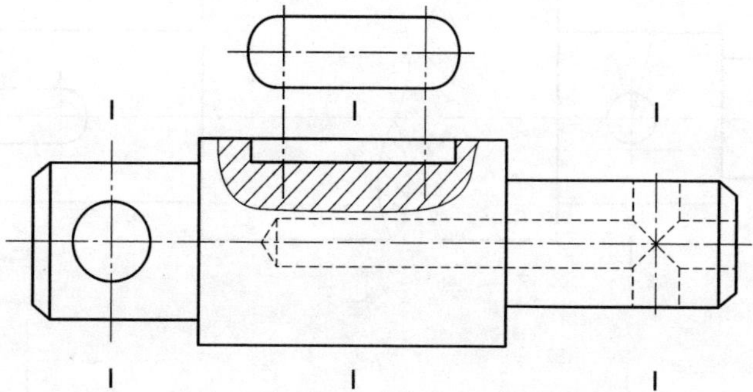

5.4 断面图绘图练习

3. 在规定位置画出移出断面图。

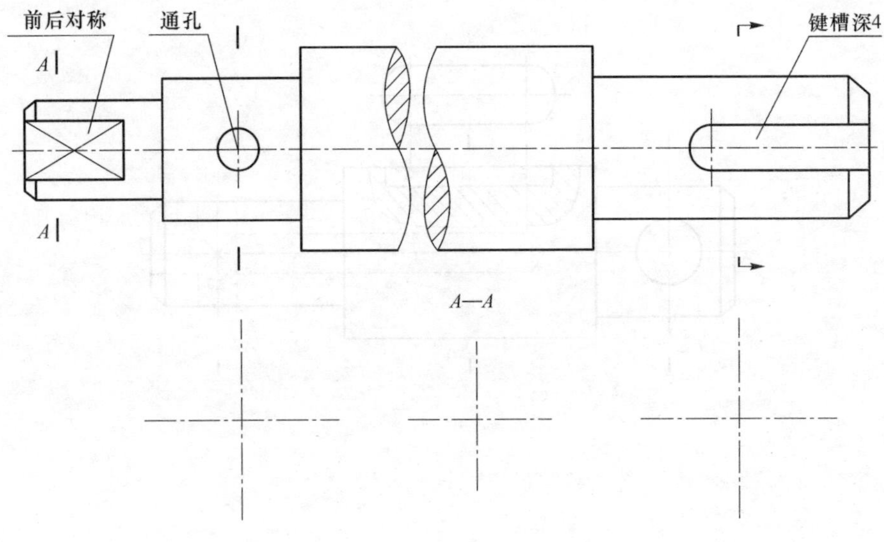

5.4 断面图绘图练习

4. 指出图中错误的断面画法并加以改正。

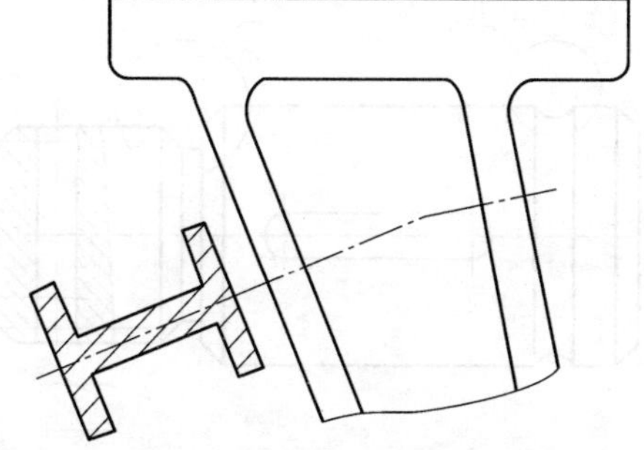

5. 指出图中错误的断面画法并加以改正。

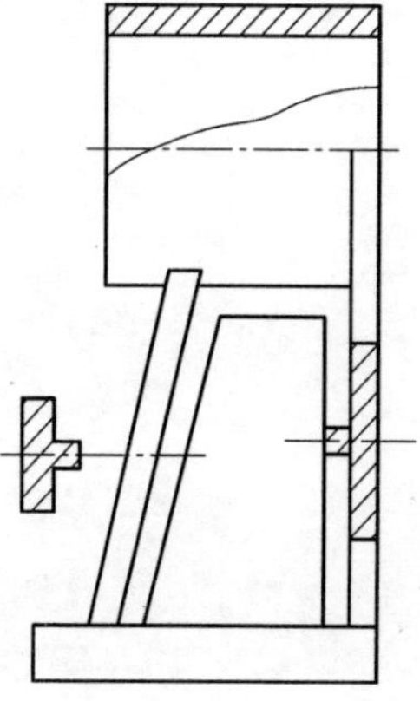

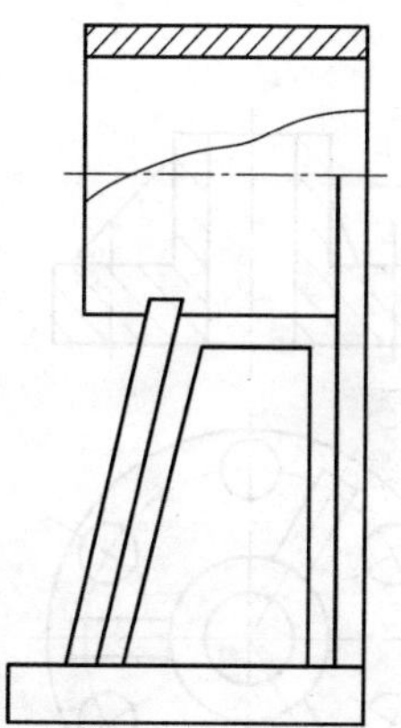

5.5 其他表示法

1. 按简化画法规定改画主视图，画在相应位置。

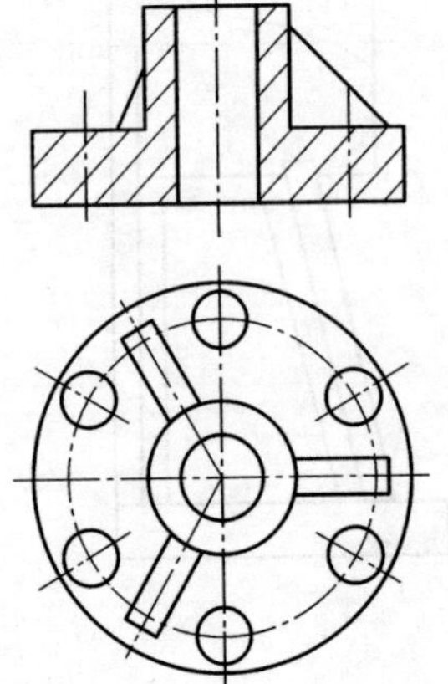

2. 根据下图在相应位置按 2∶1 画局部放大图（原图比例 1∶2）。

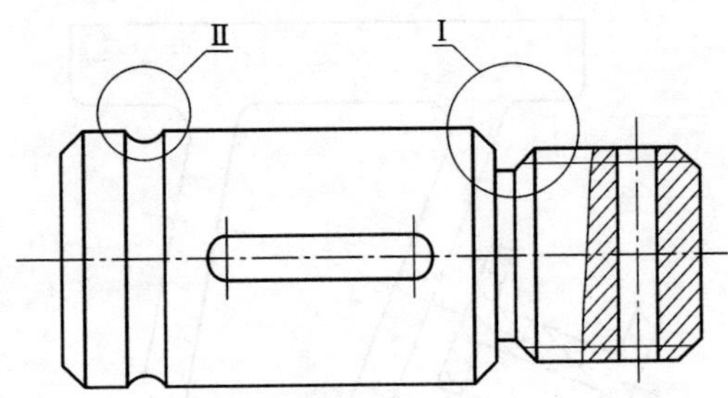

5.6 AutoCAD 绘图训练

1. 运用 CAD 软件按下列要求绘制轴类零件图，不必标注。

（1）按以下格式设置图层，放置相应图形。

图层名	图层颜色	图层线型	图形实体的放置
0	White（白色）	CONTINUOUS（连续线）	粗实线
CEN	Red（红色）	CENTER（中心线）	中心线、对称线、轴线
CONT	Blue（蓝色）	CONTINUOUS（连续线）	细实线
DAS	Yellow（黄色）	DASHED（虚线）	虚线
DIM	Green（绿色）	CONTINUOUS（连续线）	尺寸

（2）作图完成后要将图形文件以“×××.dwg”的形式保存在 U 盘里（“×××”为姓名）。

（3）根据图例绘制图框和标题栏。

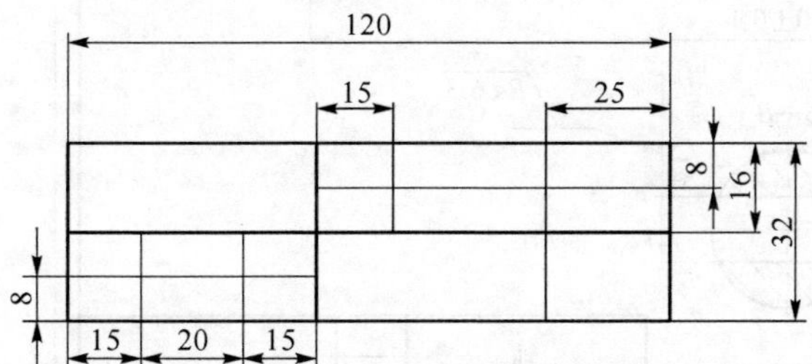

<table>
<tr><td colspan="3" rowspan="2">（零件名称）</td><td>比例</td><td>材料</td><td>作图时间</td></tr>
<tr><td>1 : 1</td><td>45</td><td></td></tr>
<tr><td>姓名</td><td></td><td></td><td colspan="2" rowspan="2">（单位名称）</td><td rowspan="2"></td></tr>
<tr><td>部门</td><td></td><td></td></tr>
</table>

5.6 AutoCAD 绘图训练

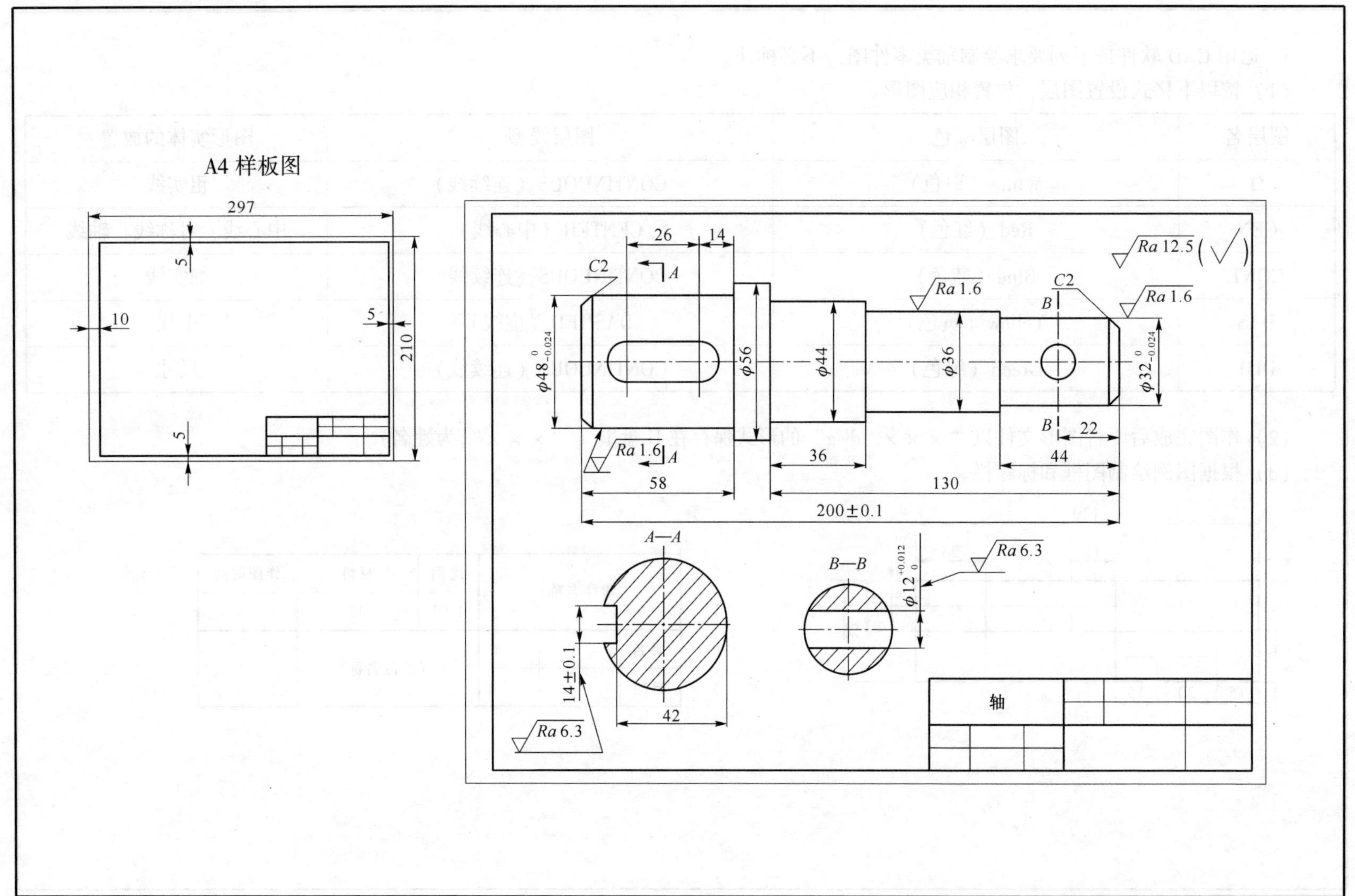

第六章 标准件与常用件

6.1 补齐螺纹图中的缺线

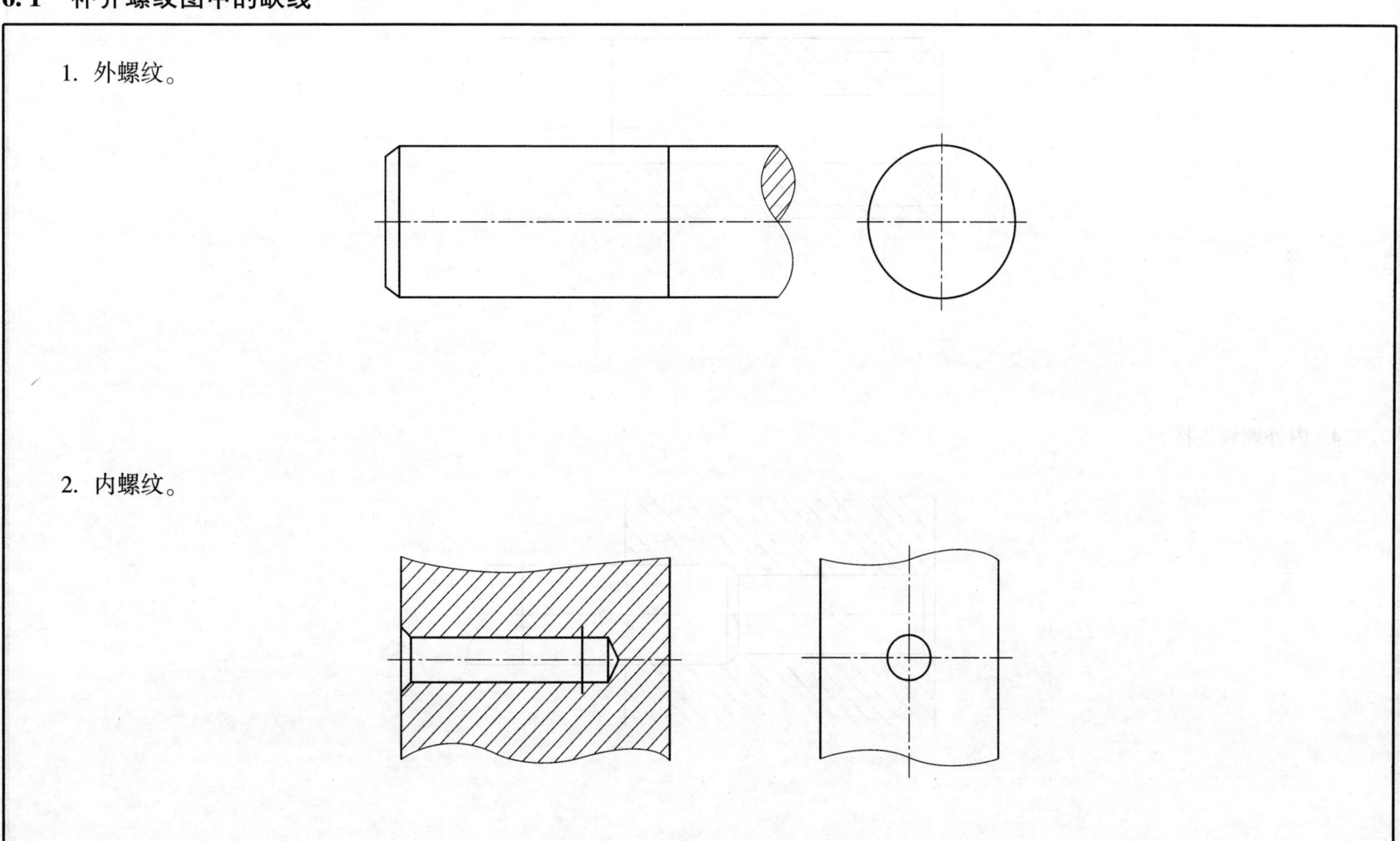

6.1　补齐螺纹图中的缺线

3. 管螺纹。

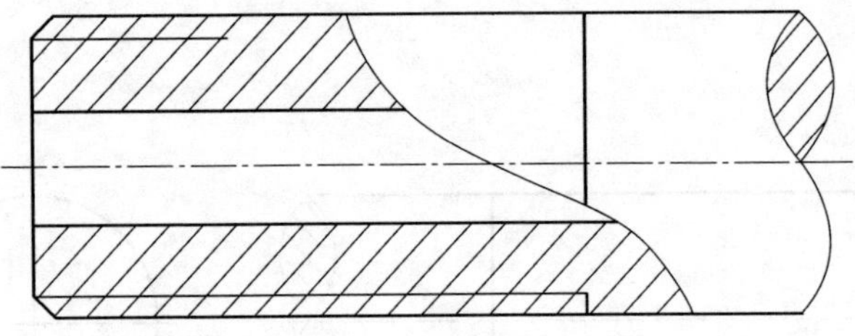

4. 内外螺纹连接。

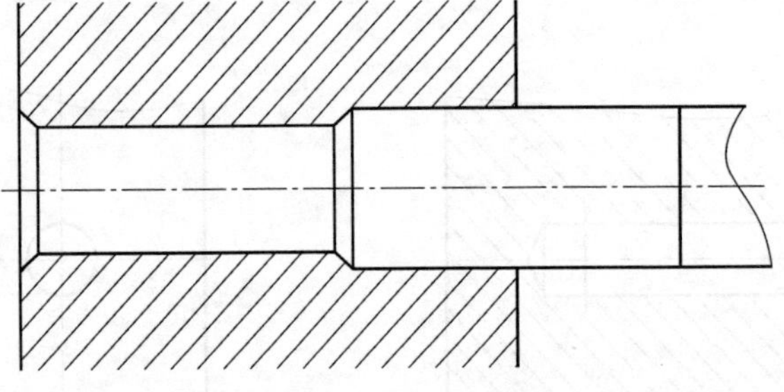

6.2 螺纹标记

1. 解释螺纹标注的意义。

代　号	螺纹类型	大径	导程	螺距	线数	旋转	公差带代号	旋合长度
M20 - 6H - 40								
M24 × 2 左 - 5g6g								
Tr36 × 6 - 8H - L								
Tr40 × 14 （P7） LH - 8e								
S32 × 6/2 - 2 左								
M20 × 2 左 - 6H/6g								

2. 根据给定螺纹参数，在图上标注代号。

（1）粗牙普通螺纹，大径 24，单线，右旋，中顶径公差带代号同为 5g，短旋合长度。

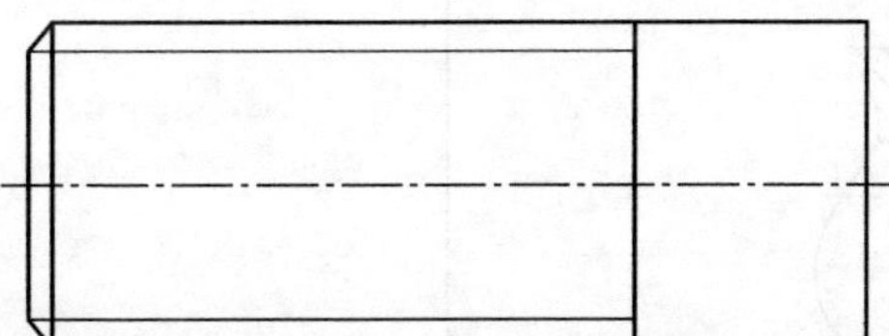

6.2 螺纹标记

(2) 细牙普通螺纹，大径 20，螺距为 1，中顶径公差带代号为 6H。

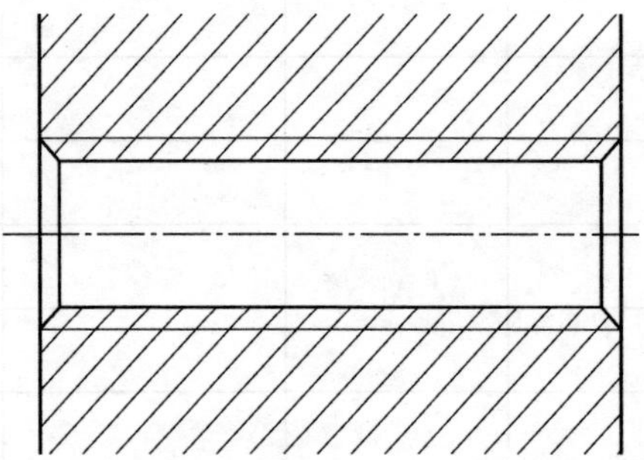

(3) 梯形螺纹，大径 40，螺距为 7，左旋中径公差代号为 7e。

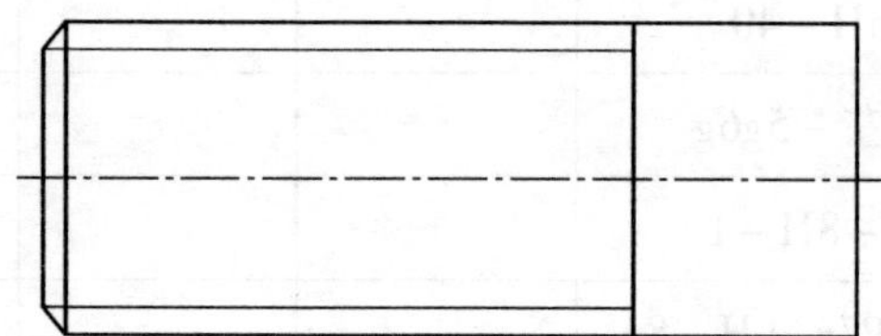

(4) 圆柱管螺纹（非密封螺纹其尺寸代号为 1/2）。

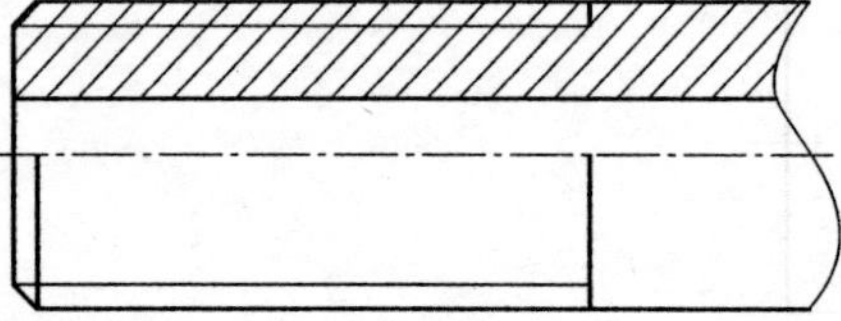

6.3　螺纹紧固件的连接画法

1. 已知公称直径为15 mm，采用比例画法分别绘制下列螺纹紧固件。 （1）六角螺母	（2）垫圈
（3）六角头螺栓	（4）双头螺柱

2. 已知双头螺柱（GB/T 898—1988）M16×40，螺母（GB/T 6170—2008）M16，垫圈（GB/T 97.1—2002）16，用比例画法完成螺栓连接的主、俯视图（1∶1）。

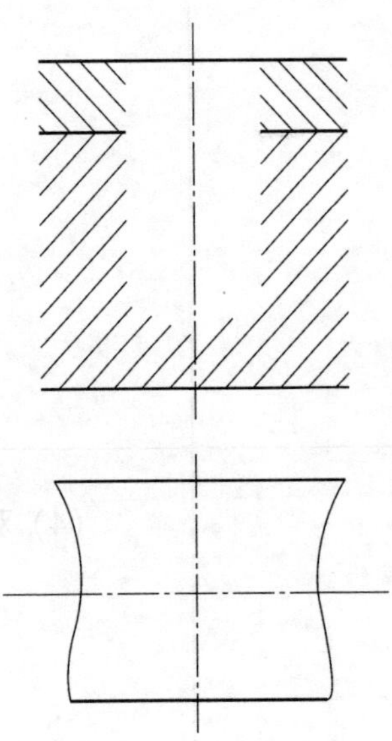

6.4　齿轮

1. 已知直齿圆柱齿轮 $m=3$，$z=26$，计算该齿轮的分度圆、齿顶圆和齿根圆的直径，用 1∶1 的比例完成下列两视图，并标注尺寸（倒角 $C1.5$）。

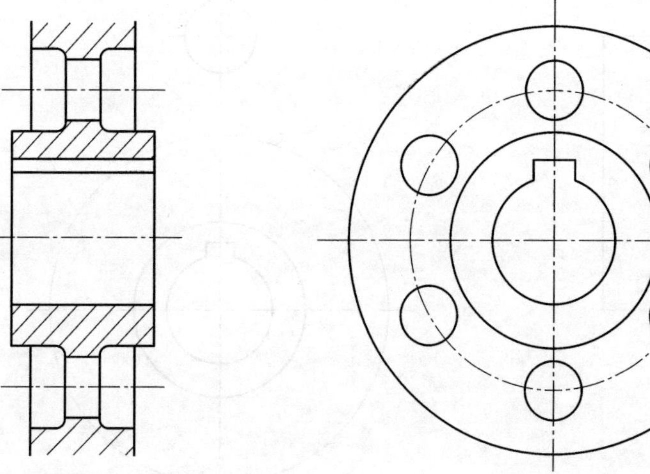

6.4 齿轮

2. 完成一对啮合直齿齿轮（$Z1=18$，$Z2=36$）的两视图。

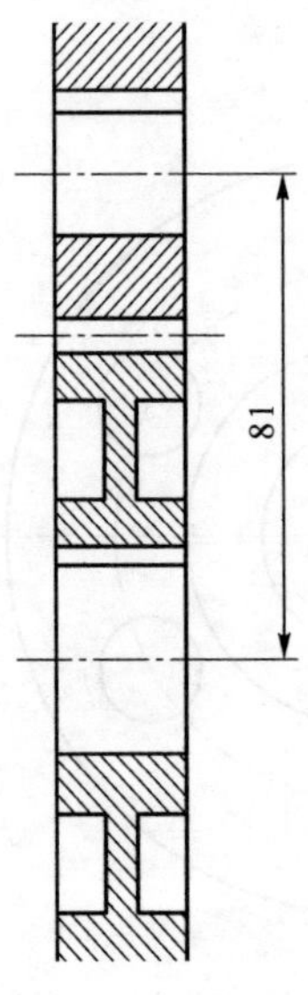

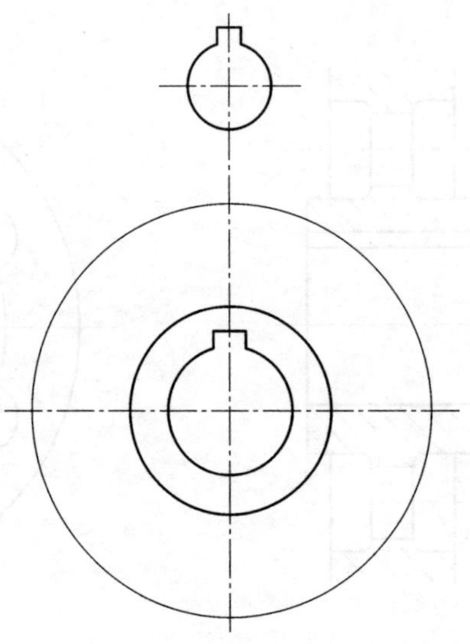

6.5 键连接

已知齿轮和轴用 A 型圆头普通平键连接，孔径为 20 mm，键长为 16 mm。

（1）写出键的规定标记；

键的规定标记________________

（2）画出下列各视图和断面图，并检查标注键槽的尺寸。

① 轴

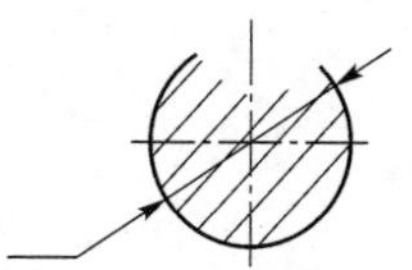

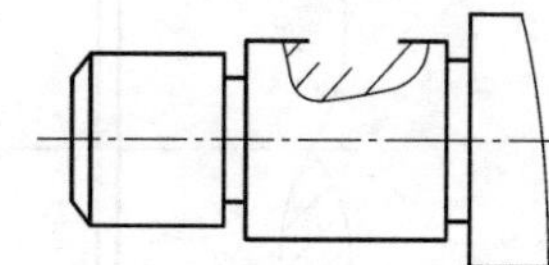

② 齿轮

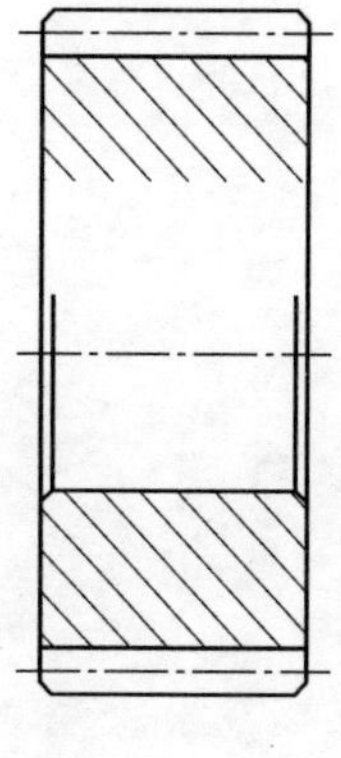

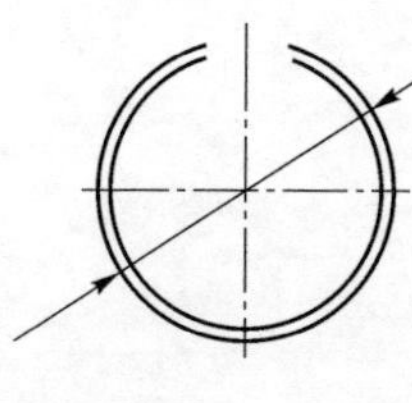

③ 齿轮与轴

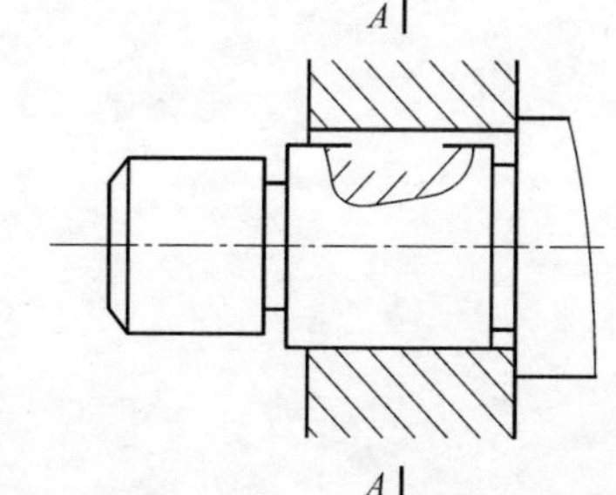

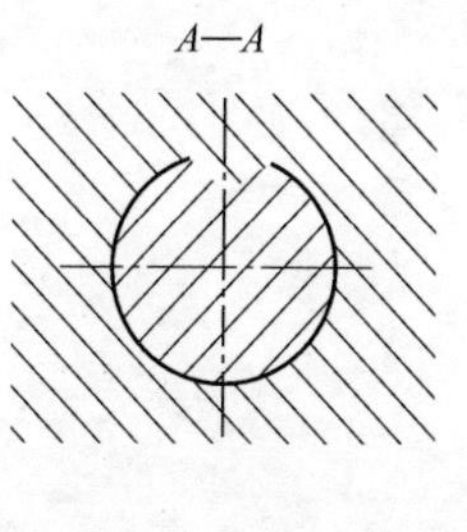

6.6 销连接

根据所给轴、轴套、圆柱销，绘制销的连接图。

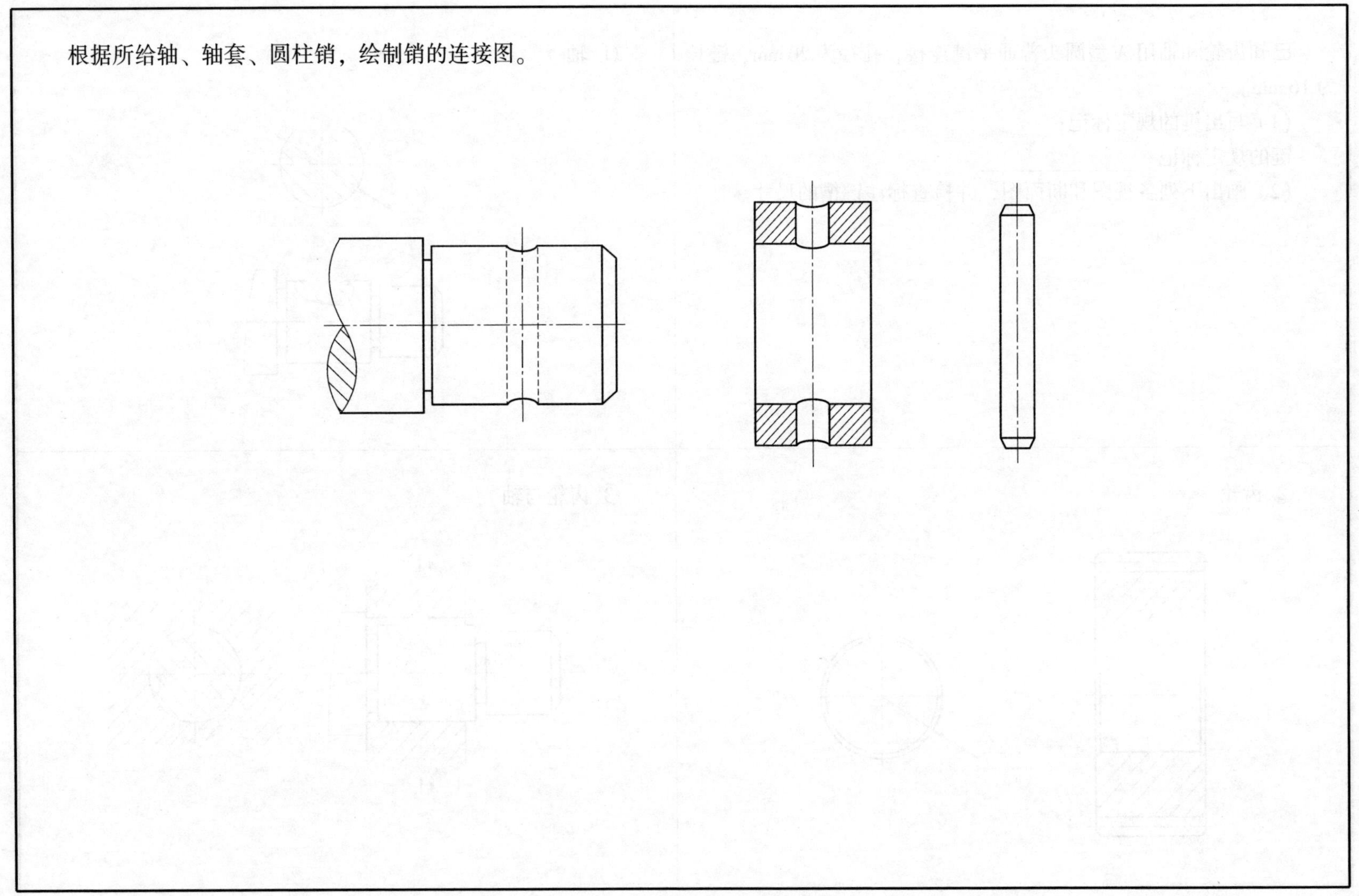

6.7 轴承

已知滚动轴承 6306 GB/T 276—2013，查表确定其尺寸，并用规定画法完成其轴向视图。

6.8 弹簧

已知圆柱螺旋压缩弹簧的簧丝直径 $d=5$ mm，弹簧外径 $D=43$ mm，节距 $t=10$ mm，有效圈数 $n=8$，支承圈 $n_2=2.5$，自由高度 $H_0=90$ mm，试画出弹簧的剖视图。

第七章　零　件　图

7.1　识读零件图的基本知识

一、填空题

1. 零件图一般包括四项内容：一组视图、__________、__________和________。

2. 零件是千变万化的，但从零件的形状、作用及加工方法上，可以把零件归为四大类型：__________、__________、叉架类零件和__________。

3. 表面粗糙度符号、代号一般注在可见__________线、__________线、引出线或它们的延长线上，符号的尖端必须从材料外指向________。

4. 当零件的大部分表面具有相同的表面粗糙度要求时，对其中使用最多的一种符号、代号可以统一注在图样的__________，并在其前面注写“______”两字。

5. 从一批相同的零件中任取一件，不经修配就能装配使用，并能保证使用性能要求，零部件的这种性质称为________。

6. 通过测量所得到的尺寸为__________。极限尺寸为__________的两个界限值。

7. 尺寸合格的条件是：____。

8. 上、下偏差统称为__________。上下偏差可以是______、______或零。

9. 形状公差特征项目有直线度、________、圆度和________，位置公差特征项目有平行度、________、倾斜度、________、同轴度、________、圆跳度、________。

二、选择题

1. 孔、轴构成过盈配合时，孔的公差带位于轴的公差带________。

A. 之上　　B. 之下　　C. 交叉重叠

2. 表面粗糙度参数值越小，加工成本________。

A. 越高　　B. 越低　　C. 不确定　　D. 不受影响

3. 极限与配合在装配图上的标注形式中，分子为________。

A. 孔的公差带代号　　B. 轴的公差带代号　　C. 孔的实际尺寸

4. “$\sqrt{}$ (带圆圈)” 符号表示________获得表面。

A. 去除材料方法　　B. 不去除材料方法　　C. 车削　　D. 铣削

5. 公差值是________。

A. 正值　　B. 负值　　C. 零值　　D. 可以是正、负或零

6. ________是制造和检验零件的依据。

A. 零件图　　B. 装配图　　C. 轴测图　　D. 三视图

7. 基本尺寸相同的情况下，IT01 与 IT18 相比，IT01 的公差值________。

A. 大　　B. 小　　C. 相等

8. 孔、轴构成间隙配合时，孔的公差带位于轴的公差带________。

A. 之上　　B. 之下　　C. 交叉重叠

9. 在孔或轴的基本尺寸后面，既注出基本偏差代号和公差等级，又同时注出上、下偏差数值，这种标注形式用于________的零件图上。

A. 成批生产　　B. 单件或小批量生产　　C. 生产批量不定

10. 基孔制中基准孔的基本偏差代号为________。

A. h　　B. H　　C. A　　D. a

11. 零件上有配合要求或有相对运动的表面，表面粗糙度参数值________。

A. 要大　　B. 要小　　C. 不确定　　D. 不受影响

12. 表面结构常用的轮廓参数中，高度参数 *Ra* 表示________。

A. 算术平均偏差　　B. 轮廓的最大高度　　C. 轮廓微观不平度十点高度

13. 用符号和标记表示中心孔的要求时，中心孔工作表面的表面粗糙度应标注在________。

A. 符号的延长线或指引线上　　B. 端面上　　C. 中心孔的轴线上

14. 形位公差是指零件的实际形状和实际位置对理想形状和理想位置所允许的________变动量。

A. 最大　　B. 最小　　C. 不定　　D. 正常

15. ________表示零件的结构形状、大小和有关技术要求。

A. 零件图　B. 装配图　C. 展开图　D. 轴测图

16. ________是一组图形的核心，画图和看图都是从该图开始的。

A. 主视图　B. 俯视图　C. 左视图　D. 右视图

17. 基本偏差确定公差带的________。

A. 大小　B. 位置　C. 形状

18. 标准公差为________级。

A. 18　B. 20　C. 22

19. 基轴制中基准轴的基本偏差代号为________。

A. h　B. H　C. A　D. a

20. $\phi30\pm0.01$ 的公差值为________mm。

A. +0.01　B. -0.01　C. $\phi30$　D. 0.02

21. 零线是表示________的一条直线。

A. 最大极限尺寸　B. 最小极限尺寸　C. 基本尺寸　D. 实际尺寸

22. 零件图上标注尺寸 $S\phi20$，表示该件是________。

A. 圆柱　B. 圆锥　C. 圆球　D. 圆环

23. “$\sqrt{}$”符号表示________获得表面。

A. 去除材料方法　B. 不去除材料方法　C. 铸造　D. 锻造

24. 基本偏差是指靠近________的那个偏差。

A. 零线　B. 上偏差　C. 下偏差

25. 一张作为加工和检验依据的零件图应包括以下基本内容：________、尺寸、技术要求和标题栏。

A. 图框　B. 文字　C. 图纸幅面　D. 图形

26. | ⊥ | ϕ0.05 | A | 表示的形位公差项目是________。

A. 平行度　　B. 垂直度　　C. 同轴度　　D. 倾斜度

27. 零件的长、宽、高三个方向，每个方向有________个主要基准。

A. 一　　B. 二　　C. 三　　D. 至少一

28. 在满足使用要求的前提下，应尽量选用________的表面粗糙度参数值。

A. 较大　　B. 较小　　C. 不变　　D. 常用

29. 配合是指________相同的相互结合的孔、轴公差带之间的关系。

A. 最大极限尺寸　　B. 最小极限尺寸　　C. 基本尺寸　　D. 实际尺寸

30. 零件上的________尺寸必须直接注出。

A. 定形　　B. 定位　　C. 总体　　D. 重要

三、判断题

(　　) 1. 图样上所标注的表面粗糙度符号、代号是指该表面完工后的要求。

(　　) 2. 当零件所有表面具有相同的表面粗糙度要求时，其符号、代号可在图样的下方统一标注。

(　　) 3. 同一表面上有不同的表面粗糙度要求时，须用细实线画出其分界线，并注出尺寸和相应的表面粗糙度代号。

(　　) 4. 公差可以说是允许零件尺寸的最大偏差。

(　　) 5. 基本尺寸不同的零件，只要它们的公差值相同，就可以说明它们的精度要求相同。

(　　) 6. 国家标准规定，孔只是指圆柱形的内表面。

(　　) 7. 孔的基本偏差即下偏差，轴的基本偏差为上偏差。

(　　) 8. 标注位置公差时，基准要素只能用一个字母表示，不能用几个字母或几个字母的组合表示基准要素。

(　　) 9. 形位公差标注中，当公差涉及轮廓或表面时，应将带箭头的指引线置于要素的轮廓线或轮廓线的延长线上，但必须与尺寸线明显的分开。

7.2　读主轴零件图

读主轴零件图，并完成填空题。

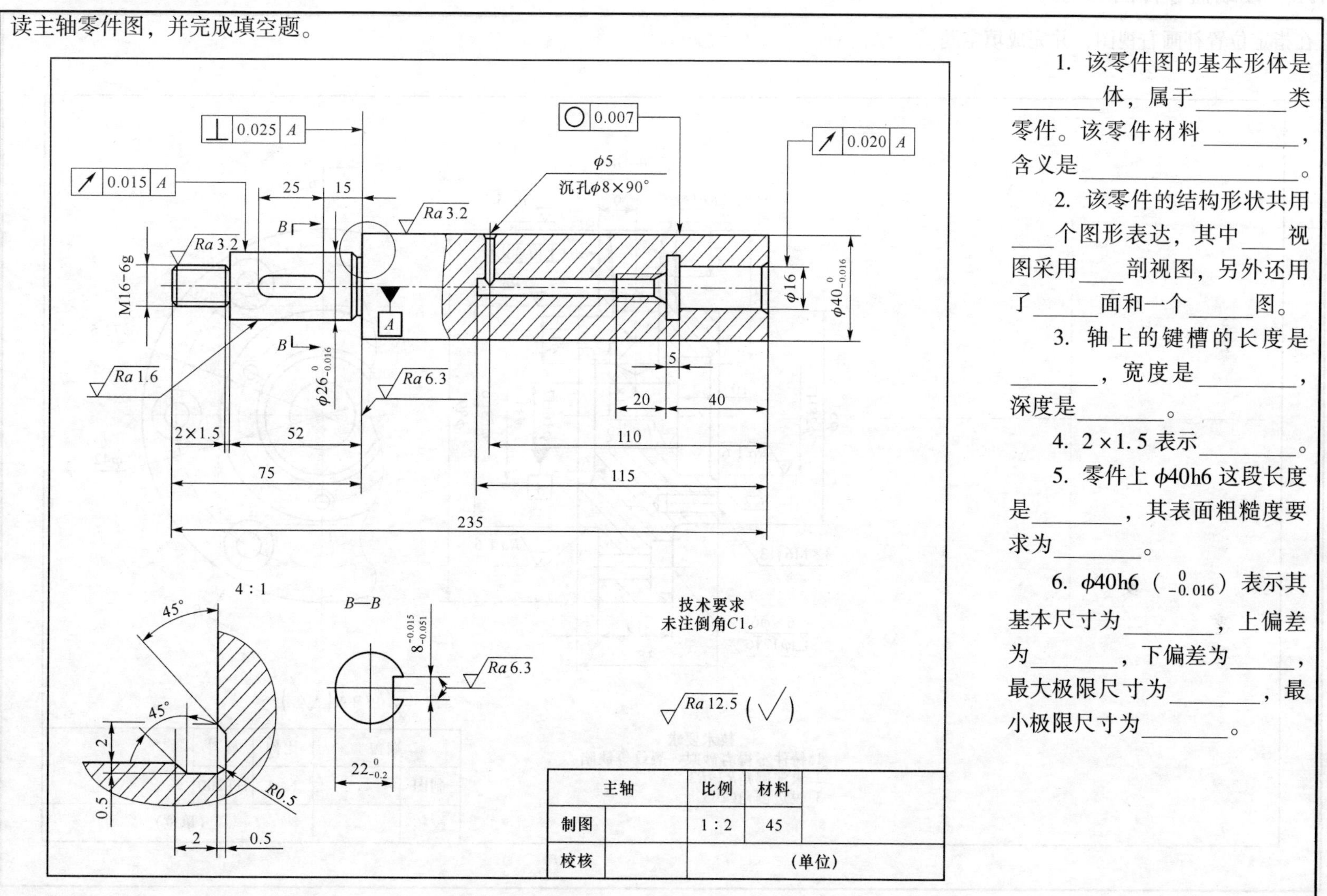

主轴		比例	材料
制图		1 : 2	45
校核		(单位)	

1. 该零件图的基本形体是______体，属于______类零件。该零件材料______，含义是______。

2. 该零件的结构形状共用____个图形表达，其中____视图采用____剖视图，另外还用了____面和一个____图。

3. 轴上的键槽的长度是______，宽度是______，深度是______。

4. 2×1.5 表示______。

5. 零件上 ϕ40h6 这段长度是______，其表面粗糙度要求为______。

6. ϕ40h6（$_{-0.016}^{0}$）表示其基本尺寸为______，上偏差为______，下偏差为______，最大极限尺寸为______，最小极限尺寸为______。

7.3 读端盖零件图

在指定位置补画右视图，并完成填空题。

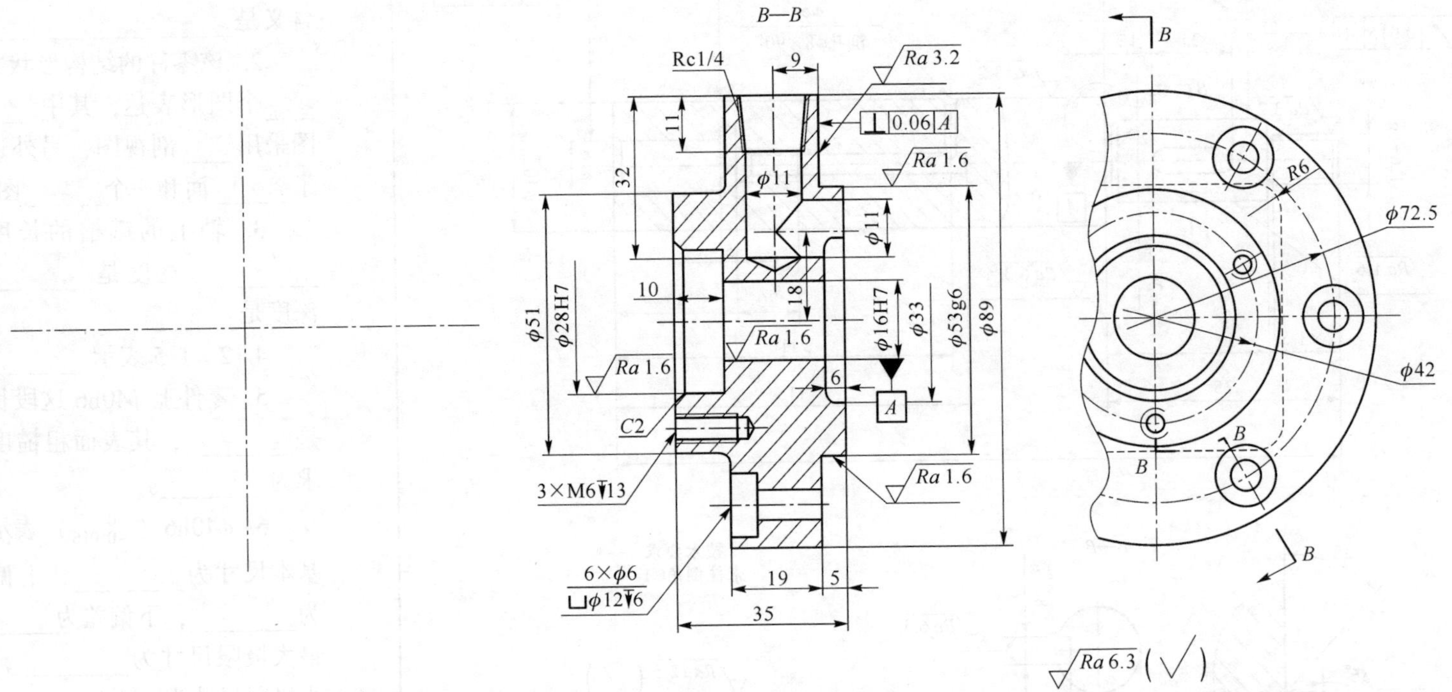

B—B
Rc1/4
9
11
32
⊥ 0.06 A
Ra 3.2
Ra 1.6
φ11
φ11
18
10
φ51
φ28H7
Ra 1.6
Ra 1.6
φ16H7
φ33
φ53g6
φ89
6
A
C2
3×M6↧13
Ra 1.6
6×φ6
⌴φ12↧6
19
5
35
B
R6
φ72.5
φ42
B
B
B
Ra 6.3 (√)

技术要求
1. 铸件不得有砂眼、裂纹等缺陷。
2. 未注圆角R2~R3。
3. 锐边倒角C0.5。

端盖		比例	材料
制图		1 : 1	HT200
校核		(单位)	

7.3　读端盖零件图

1. 端盖的材料是________，属于________比例，________类零件。
2. 主视图采用了 *B—B* ________剖视图，其主要表达意图是____________；左视图是________图，主要表达____________。
3. 该零件的轴向主要基准为________，径向主要基准为________。
4. 右端面上 ϕ11 圆孔的定位尺寸为________。
5. Rc1/4 是__________________螺纹，其大径为________，小径为________，螺距为________。
6. ϕ16H7 是基________制的________孔，公差等级为________级，其极限偏差为________。
7. | ⊥ | 0.06 | *A* |的含义：表示被测要素是________，基准要素是________，公差项目为________，公差值为________。
8. 零件左部凸台为________形，定形尺寸为__________________；右部凸台为________形，定形尺寸为________________。

7.4 读拨叉零件图

补画 *A* 向局部视图，并完成填空题。

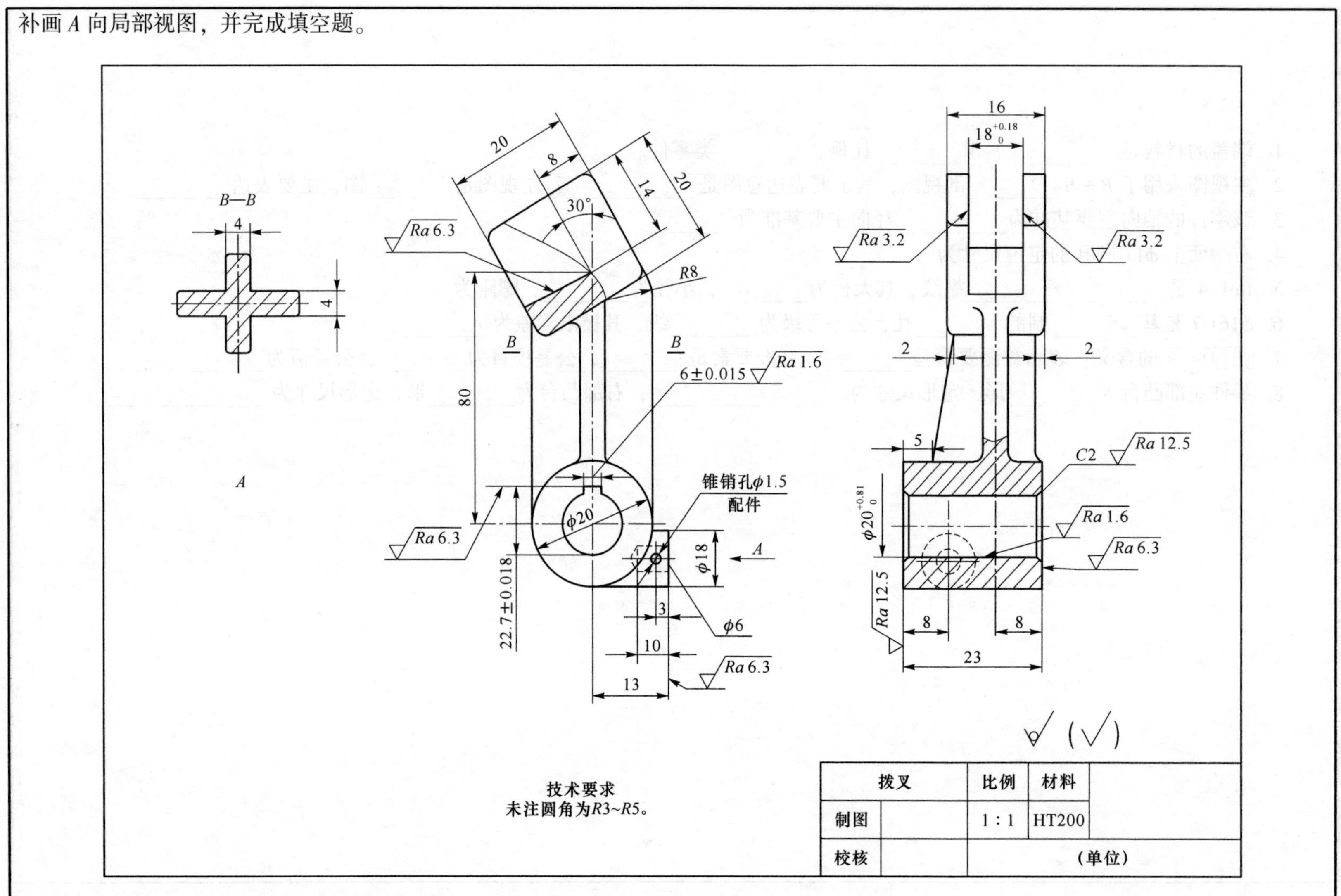

拨叉		比例	材料	
制图		1 : 1	HT200	
校核		(单位)		

7.4 读拨叉零件图

1. 该零件采用的材料牌号为________，应用了________比例，属于________类零件。
2. 拨叉零件共用了____个图形来表达形体结构，主视图是________，采用了________方法，主要用来表达______________。
3. 零件长、宽、高三向的主要尺寸基准为______________________、______________、____________。
4. 主视图中表明键槽位于________，其宽度为________，深度为________，两侧面的表面粗糙度为________。
5. *B*—*B* 表明连接肋板的形状为________形，其厚度为________，表面粗糙度为________。

7.5 读阀盖零件图

读阀盖零件图，并完成填空题。

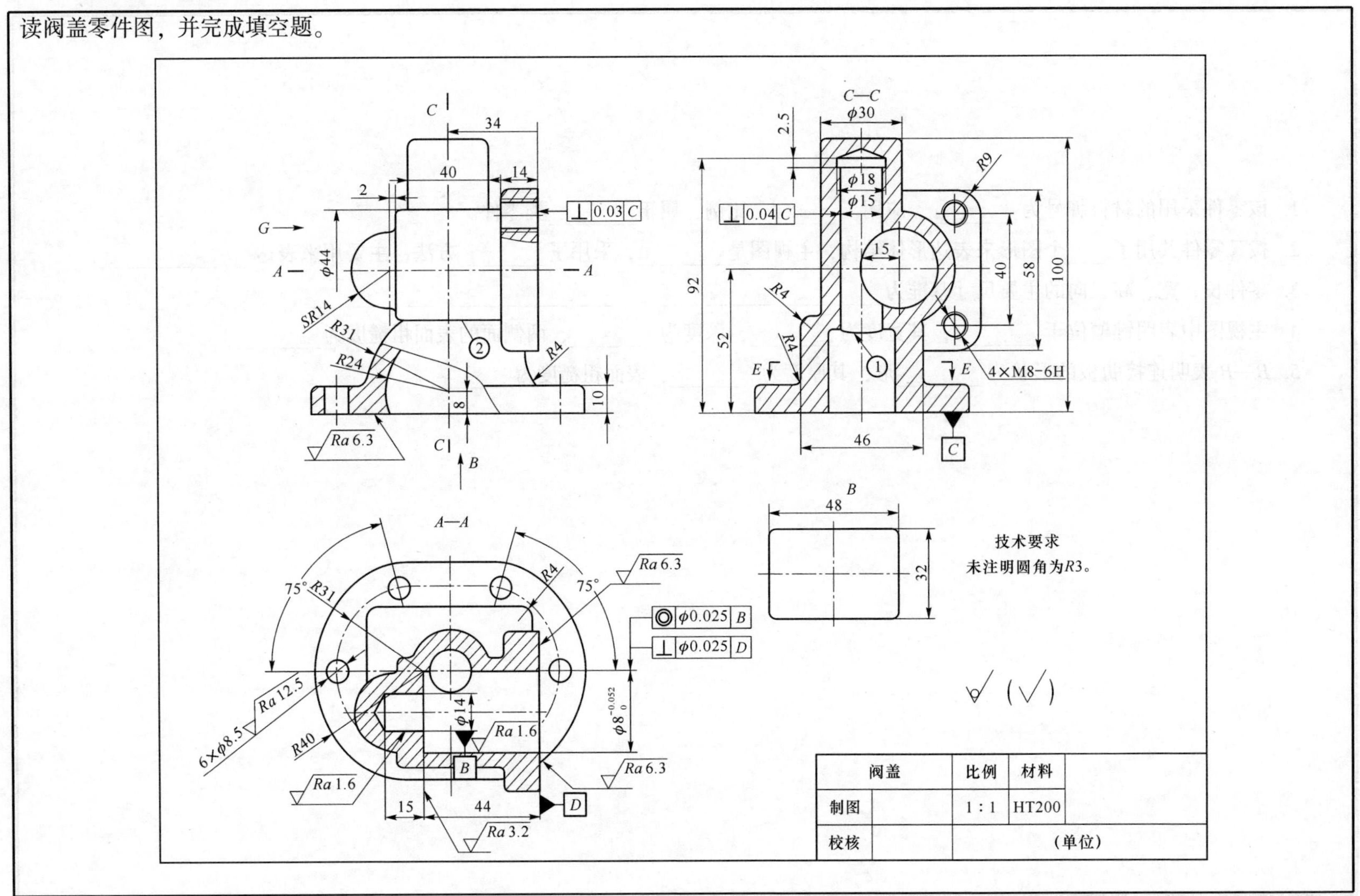

7.5 读阀盖零件图

1. 阀盖零件图采用了哪些表达方法？各视图表达重点是什么？

2. 用文字指出长、宽、高三个方向的主要尺寸基准。

3. 说明下列尺寸的意义。

*SR*14：　　　　　　　　　　4 × M8—6H：

4. 左视图中的下列尺寸属于哪种类型尺寸（定形、定位）？

92—　　　　100—　　　　52—　　　　ϕ30—

46—　　　　15—　　　　40—　　　　58—

5. 图中①指的是________线；②指的是________线。

6. 解释图中形位公差的意义：

| ◎ | ϕ0.025 | *B* |：

| ⊥ | ϕ0.025 | *D* |：

7. 画出 *G* 向视图和 *E*—*E* 剖视图。

7.6 用 AutoCAD 绘制输出轴零件图

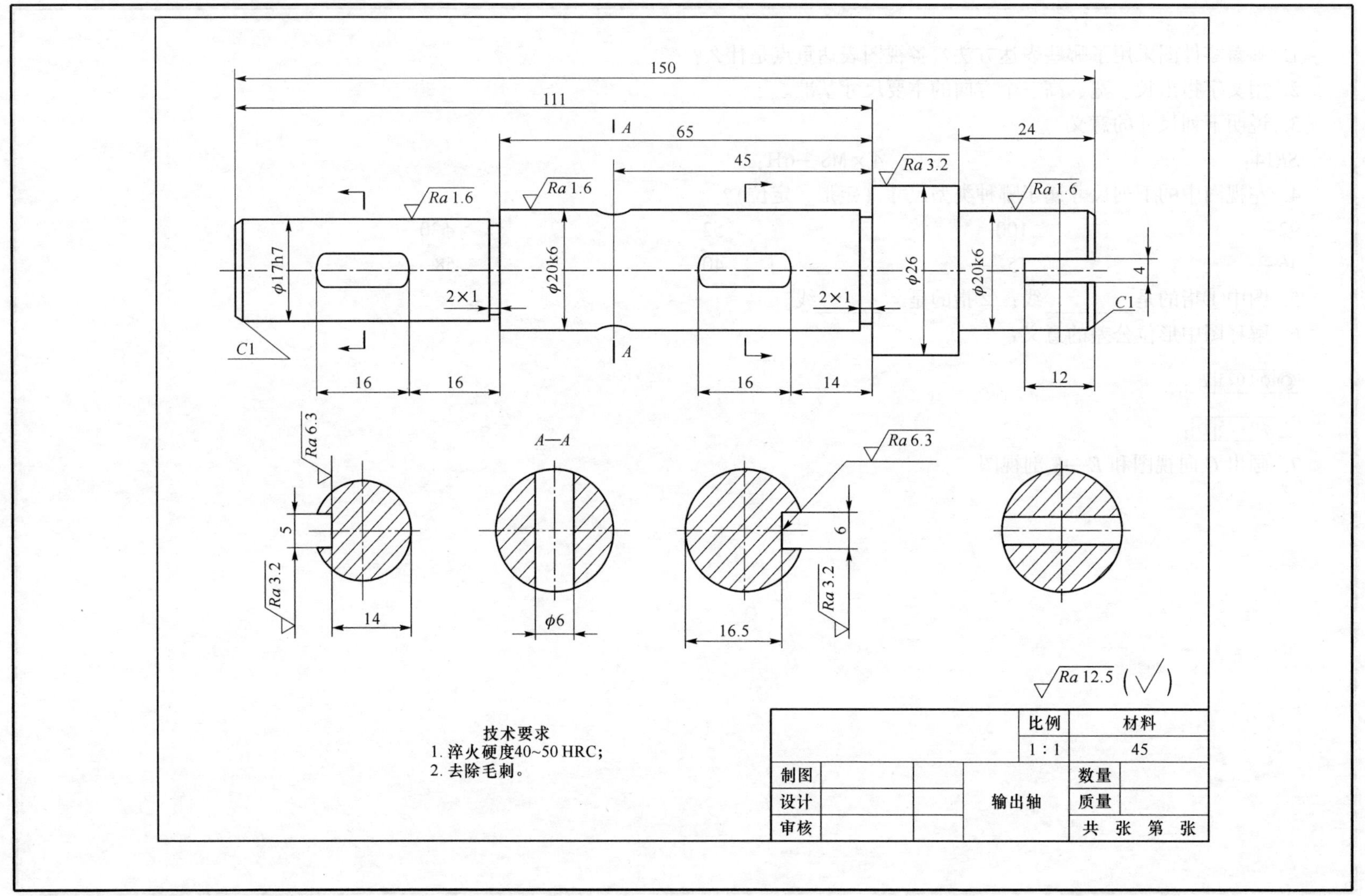

7.7 用 AutoCAD 绘制吊架零件图

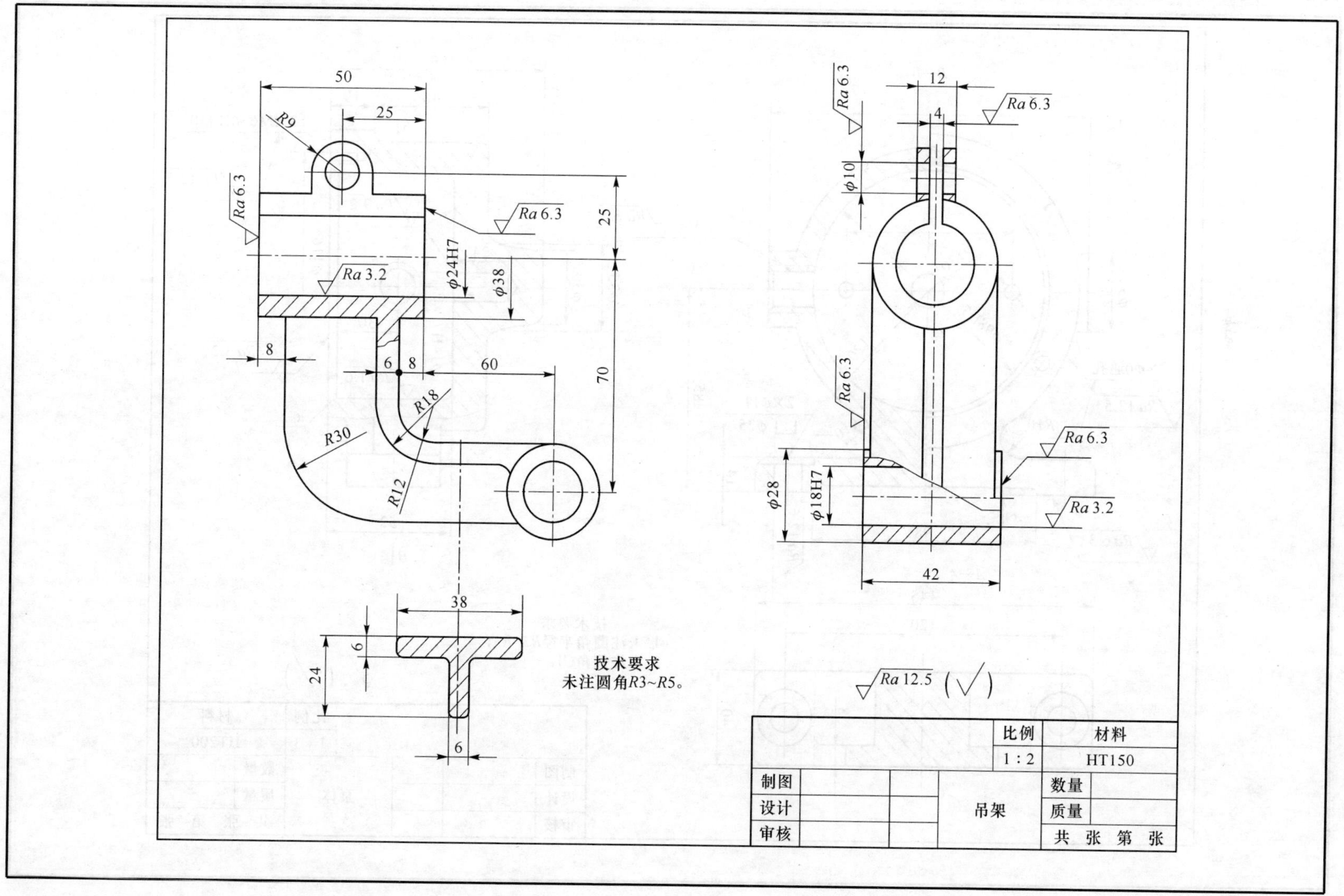

7.8 用 AutoCAD 绘制泵体零件图

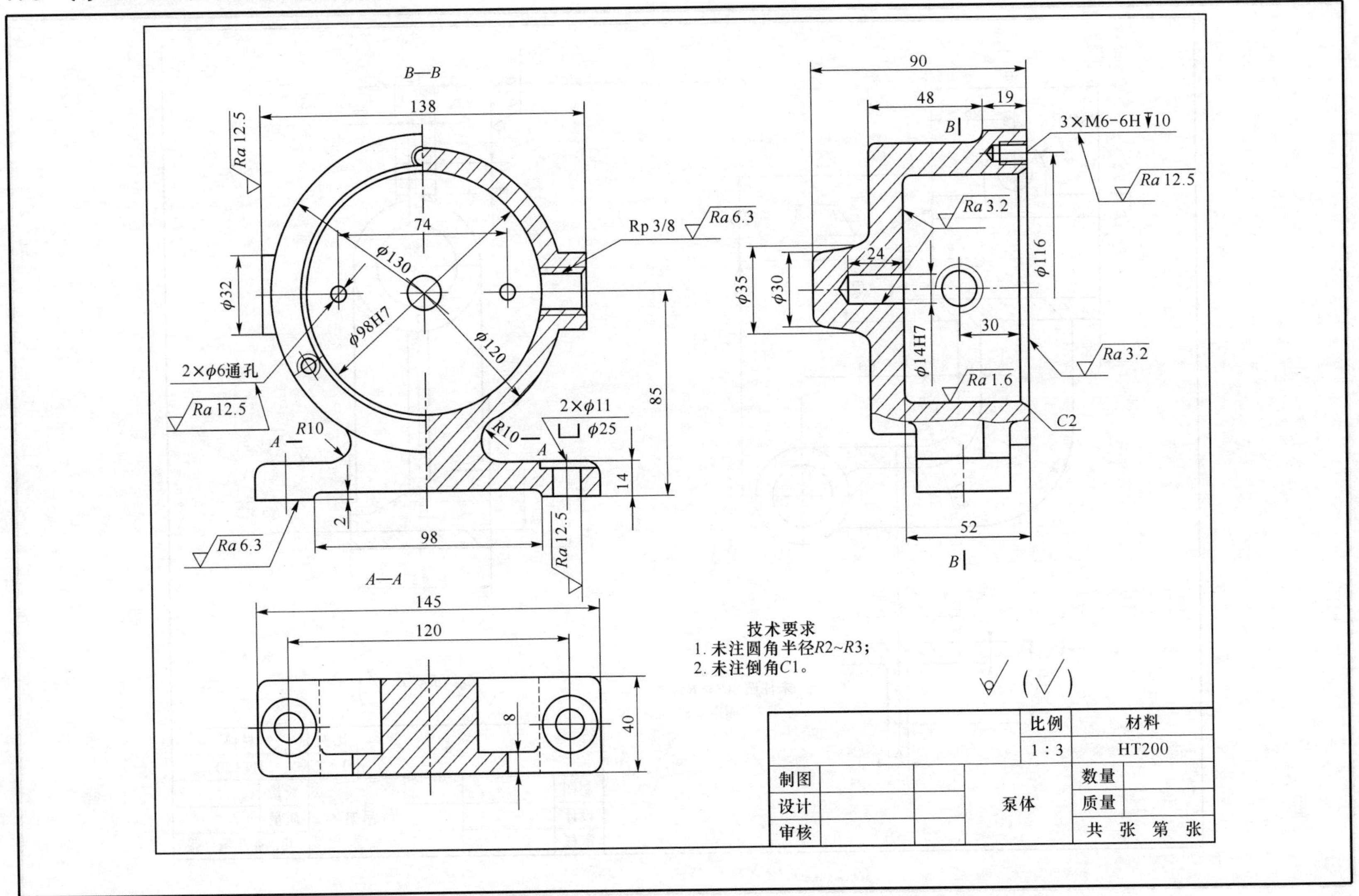

第八章 装 配 图

8.1 固定式钻模装配图

读懂固定式钻模装配图，并回答问题。

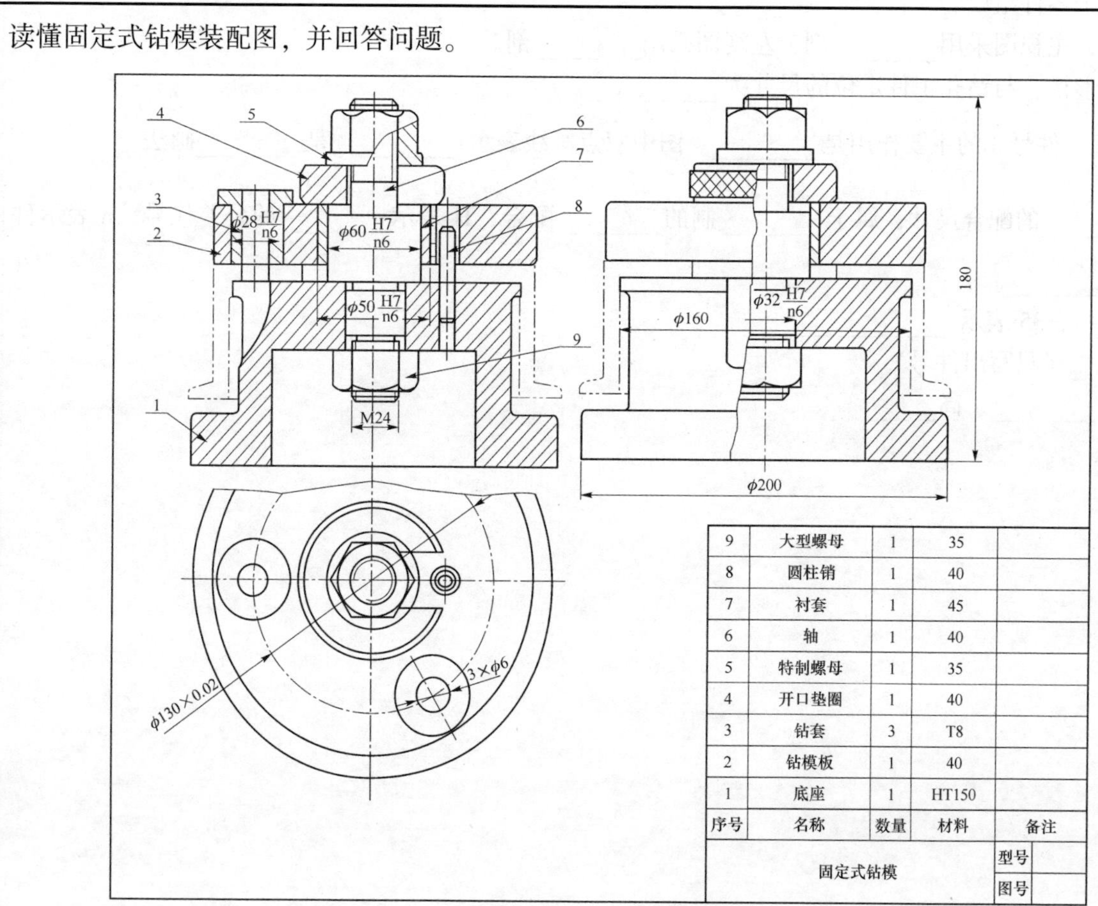

序号	名称	数量	材料	备注
9	大型螺母	1	35	
8	圆柱销	1	40	
7	衬套	1	45	
6	轴	1	40	
5	特制螺母	1	35	
4	开口垫圈	1	40	
3	钻套	3	T8	
2	钻模板	1	40	
1	底座	1	HT150	

固定式钻模	型号	
	图号	

工作原理：

固定式钻模是用于加工工件（图中用细双点画线所示）上孔的夹具。把工件放在件1底座上，装上件2钻模板，钻模板通过件8圆柱销定位后，再放置件4开口垫圈，并用件5特制螺母压紧。钻头通过件3钻套的内孔，准确地在工件上钻孔。

8.1 固定式钻模装配图

回答问题：

1. 该钻模是由________种共________个零件组成。
2. 本装配图共用________个图形表达，主视图采用________剖，左视图采用________剖。
3. 零件 1 底部的侧面有________个弧形槽，与钻孔工件定位的尺寸为__________。
4. 钻模板 2 上有________个 $\phi28\,\frac{H7}{n6}$孔，件号 3 的主要作用是________。图中双点画线表示________，是________画法。
5. $\phi50\,\frac{H7}{n6}$是件号________和件号________的配合尺寸，属于________制的________配合，H 表示________的公差代号，n 表示件号________的________代号，7 和 6 代表________。
6. 明细表中，HT150 表示____________，35 表示_______________。
7. 与件号 1 相邻的零件有____________（只写出件号）。
8. 钻模的外形尺寸：长________、宽________、高________。

8.2 拉拔器装配图

读懂拉拔器装配图，并回答问题。

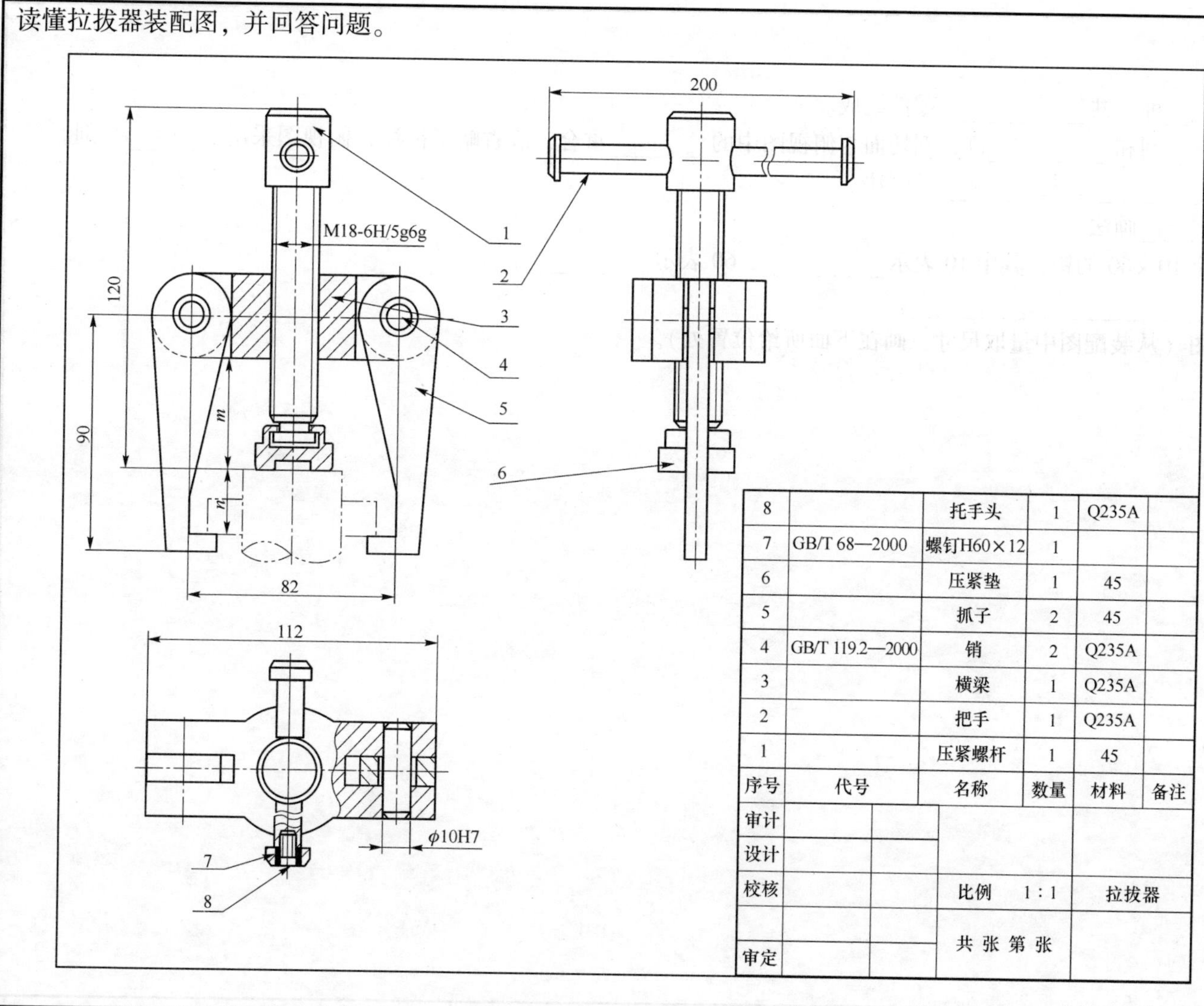

序号	代号	名称	数量	材料	备注
8		托手头	1	Q235A	
7	GB/T 68—2000	螺钉H60×12	1		
6		压紧垫	1	45	
5		抓子	2	45	
4	GB/T 119.2—2000	销	2	Q235A	
3		横梁	1	Q235A	
2		把手	1	Q235A	
1		压紧螺杆	1	45	

工作原理：

拉拔器用来拆卸紧密配合的两个零件。工作时，把压紧垫6触至轴端，使抓子5钩住轴上要拆卸的轴承或套，顺时针转动把手2，使压紧螺杆1转动，由于螺纹的作用，横梁3此时沿压紧螺杆1上升，通过横梁两端的销轴带着两个抓子5上升，至将零件从轴上拆下。

8.2 拉拔器装配图

回答问题：

1. 该拉拔器由________种、共________个零件组成。
2. 主视图采用了________剖和________剖，剖切面与俯视图中的________重合，故省略了标注，俯视图采用了________剖。
3. 图中双点画线表示________，是________画法。
4. 图中件 2 是________画法。
5. 图中有________个 10×60 的销，其中 10 表示________，60 表示________。
6. 件 4 的作用是________________。
7. 拆画零件 5 的零件图（从装配图中量取尺寸，画在下面所给位置处）。

8.3 换向阀装配图

读懂换向阀装配图，并回答问题。

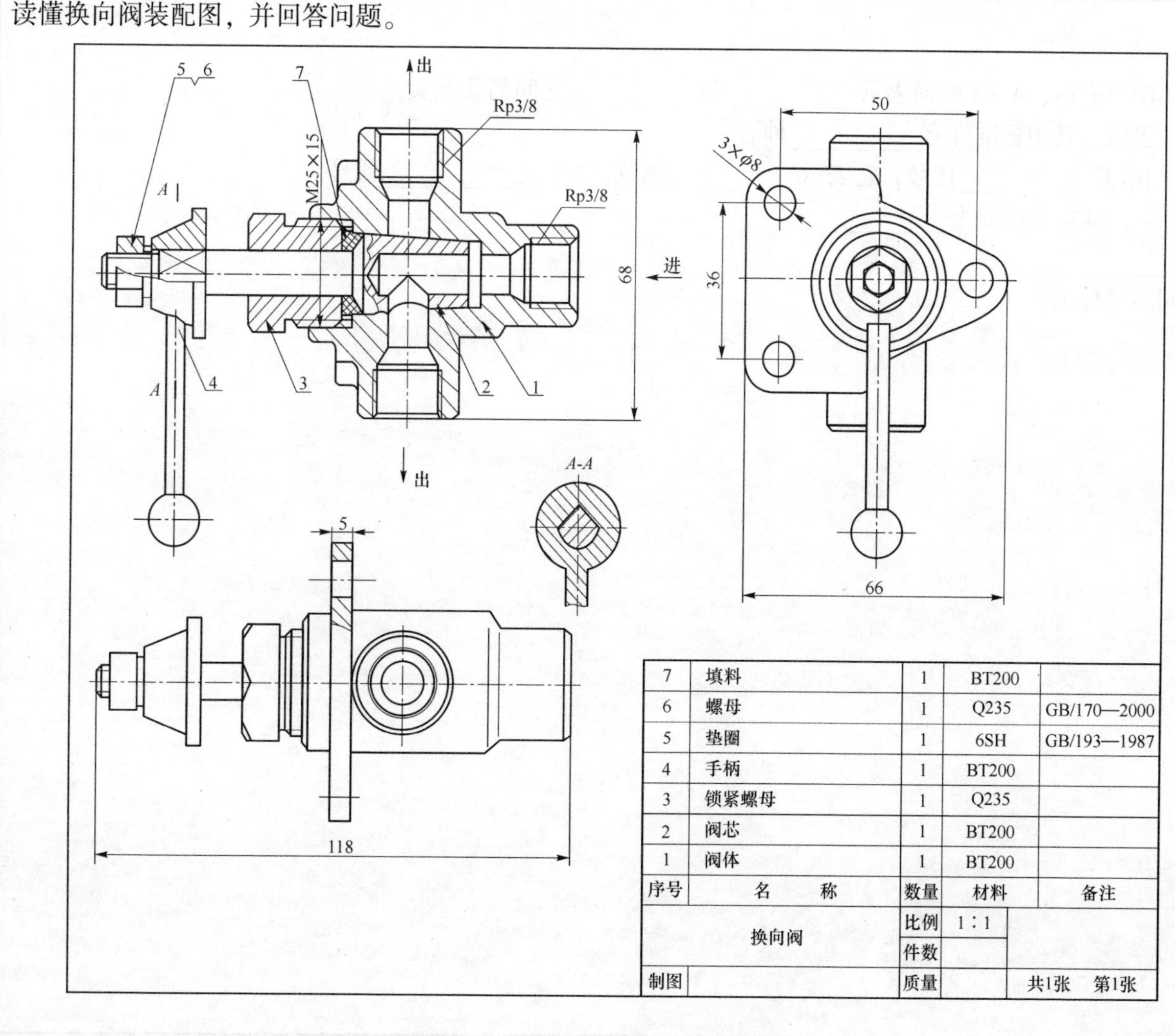

序号	名称	数量	材料	备注
7	填料	1	BT200	
6	螺母	1	Q235	GB/170—2000
5	垫圈	1	6SH	GB/193—1987
4	手柄	1	BT200	
3	锁紧螺母	1	Q235	
2	阀芯	1	BT200	
1	阀体	1	BT200	

换向阀	比例	1∶1	
	件数		
制图	质量		共1张　第1张

工作原理：

换向阀用于流体管道中控制流体的输出方向，在图示情况下，流体由右边进入，因上出口不通，就从下出口流出。当转动手柄 4，使阀芯 2 旋转 180° 时，则下出口不通，就改从上出口流出。根据手柄转动角度不同，还可以调节出口处的流量。

8.3　换向阀装配图

回答问题：

1. 本装配图共用_________个图形表达，*A—A* 断面表示_________和_________之间的装配关系。
2. 换向阀由_________种零件组成，其中标准件有_________种。
3. 图中标记 Rp3/8 的含义是：Rp 是_________代号，它表示_________螺纹，3/8 是_________代号。
4. $3\times\phi 8$ 孔的作用是_________，其定位尺寸为_________。
5. 锁紧螺母的作用是__________________。
6. 拆画零件 1 阀体或零件 2 阀芯零件图。

8.4 装配图画法（AutoCAD 练习）

工作原理：

安全阀是一种安装在供油管路中的安全装置。正常工作时，阀门靠弹簧的压力处于关闭位置，油从阀体左端孔流入，经下端孔流出。当油压超过允许压力时，阀门被顶开，过量油就从阀体和阀门开启后的缝隙间经阀体右端孔管道流回油箱，从而使管道中的油压保持在允许的范围内，起到安全保护作用。调节螺杆可调节弹簧压力。为防止螺杆松动，其上端用螺母锁紧。

作业提示：

1. 读懂安全阀装配示意图和全部零件图；
2. 用 A2 图纸，比例 1:1。

序号	零件名称	数量	材料	备注及标准
1	阀体	1	ZL2	
2	阀门	1	H62	
3	弹簧	1	65Mn	
4	垫片	1	工业用纸	
5	阀盖	1	ZL2	
6	托盘	1	H62	
7	紧定螺钉 M5×8	1	Q235	GB/T 75—2000
8	螺杆	1	Q235	
9	螺母 M10	1	Q235	GB/T 6170—2008
10	阀帽	1	ZL2	
11	螺母 M6	4	Q235	GB/T 6170—2008
12	垫圈 6	4	Q235	GB/T 97.1—2002
13	螺栓 M6×16	4	Q235	GB/T 899—1988

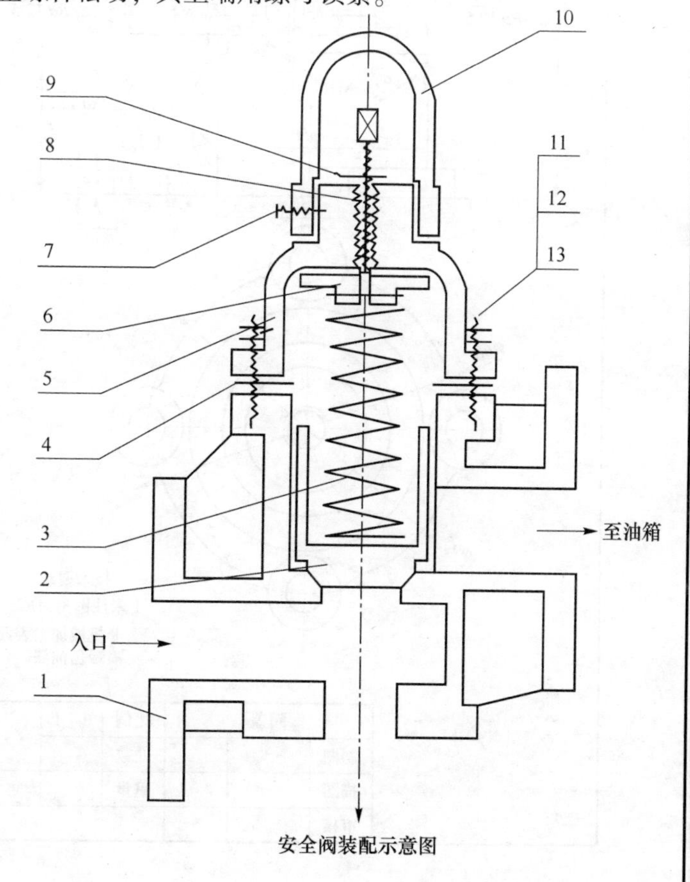

安全阀装配示意图

8.4 装配图画法（AutoCAD 练习）

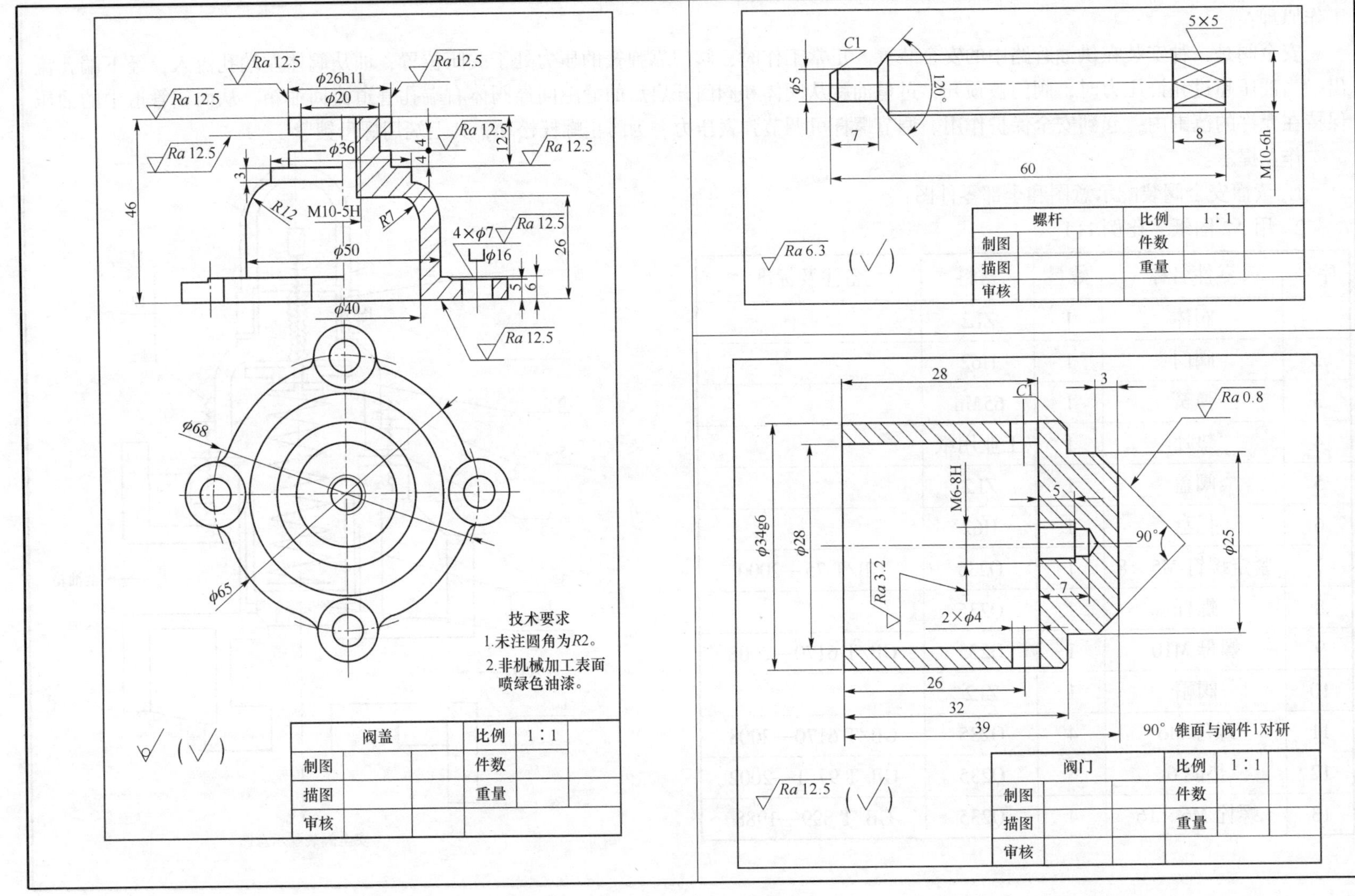

8.4 装配图画法（AutoCAD 练习）

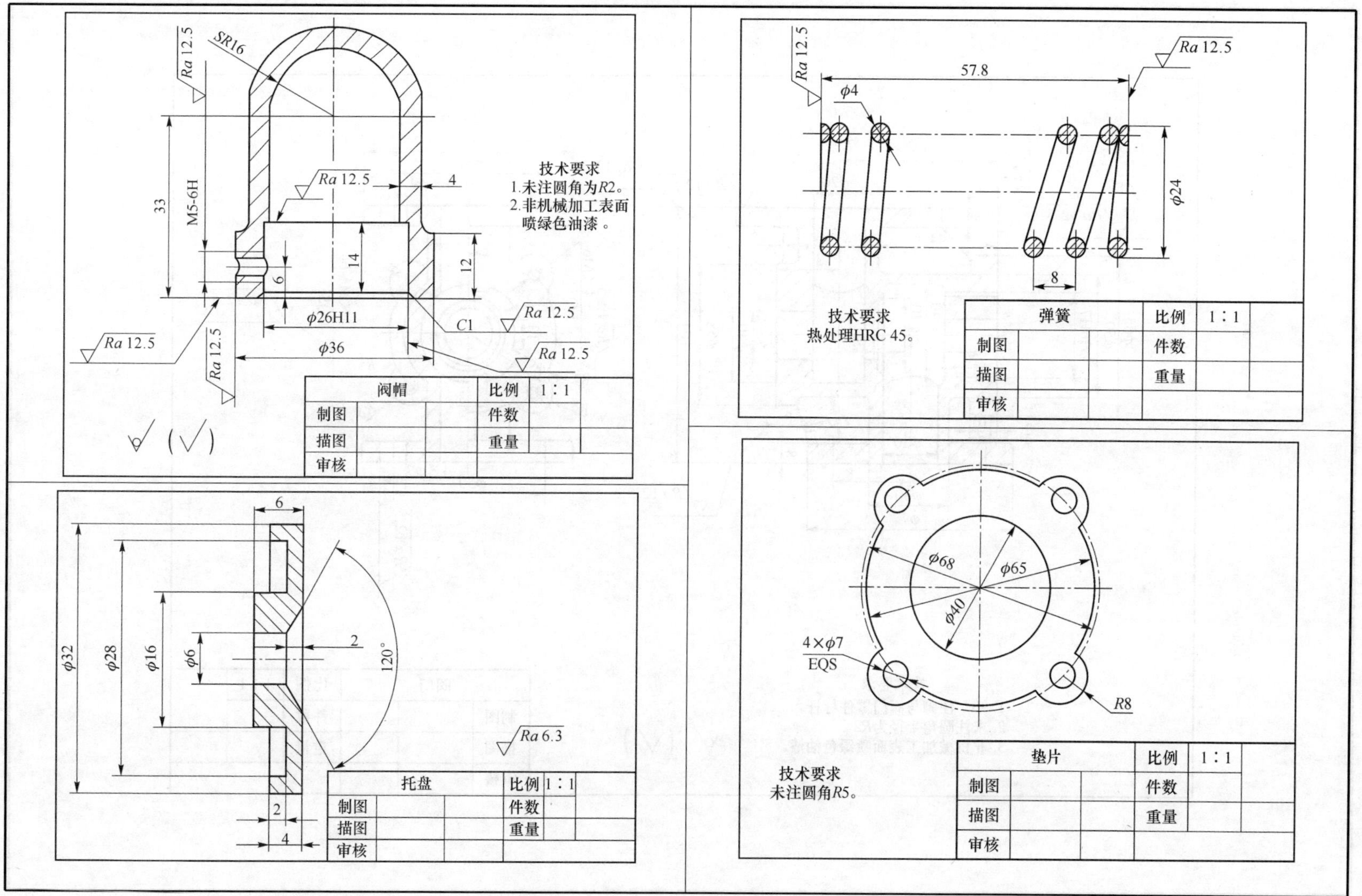

8.4 装配图画法（AutoCAD 练习）

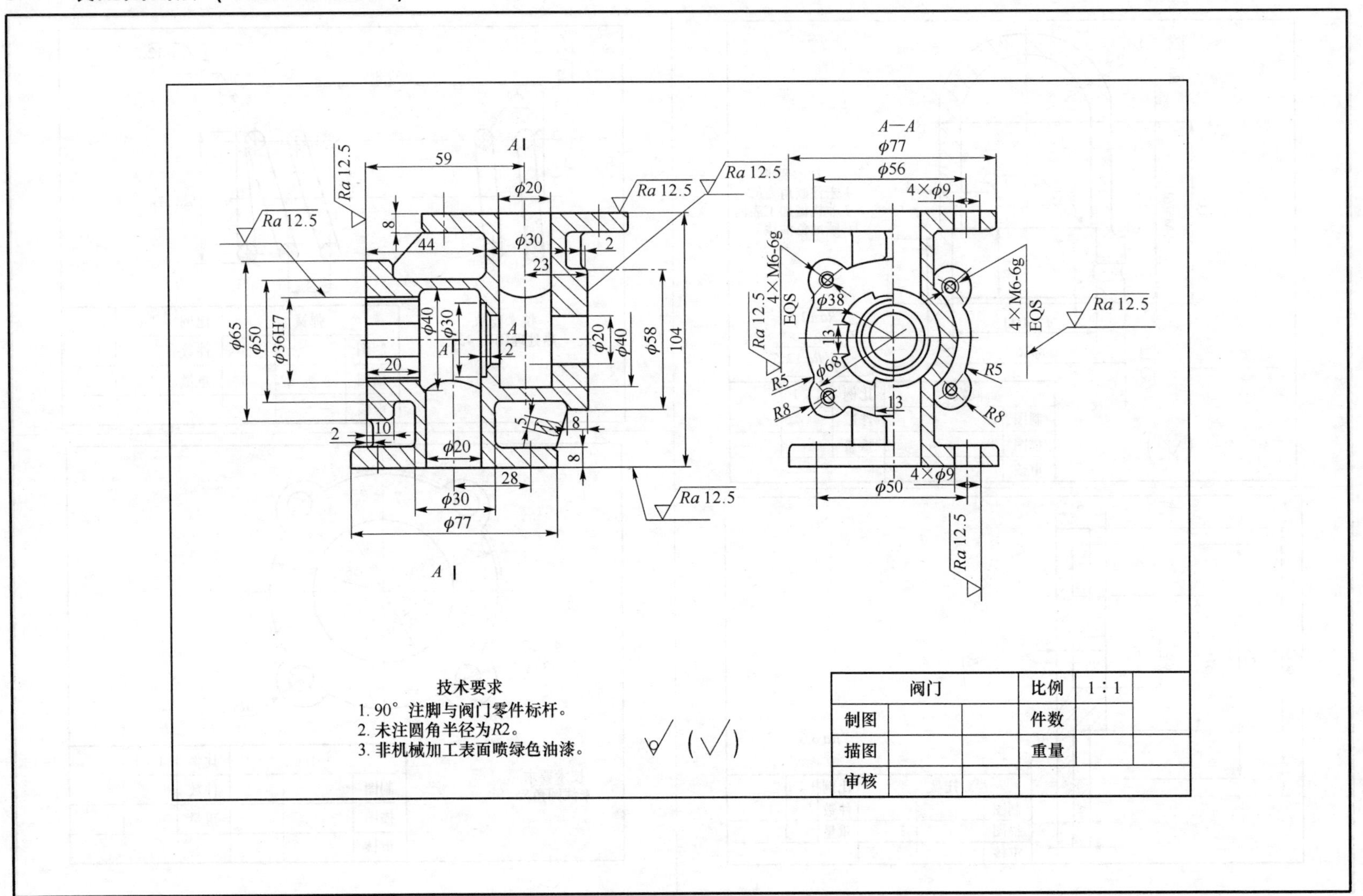

8.5 装配图画法 AutoCAD 练习（二）

工作原理：

齿轮泵泵体内腔容纳一对吸油和压油齿轮，当主动齿轮轴逆时针带动从动齿轮顺时针方向转动时，这对传动齿轮的啮合右腔空间压力降低而产生局部真空，油池内的油在大气压力作用下进入泵的吸油口。随着齿轮的转动，齿槽中的油不断被带至左边的压油口，把油压出，送至机器中需要润滑的部位。

作业提示：

1. 画装配图（采用 A2 图纸，比例 1:1）；
2. 确定部件的表达方案，能清楚地表达部件的工作原理、传动路线、装配关系和零件的主要结构、形状；
3. 正确标注和填写装配图上的尺寸、技术要求、标题栏和明细表。

零件名称	数量	材料（备注）	零件名称	数量	材料
泵盖	1	HT200	螺母	1	Q235 - A
泵体	1	HT200	压盖	1	HT200
纸垫片	1		钢球	1	45
齿轮轴	1	45（$z=10$，$m=4$）	弹簧	1	65 - A
从动齿轮	1	45（$z=10$，$m=4$）	调节螺钉	1	Q235 - A
从动轴	1	45	防护螺母	1	Q235 - A
圆柱销	2	Q235 - A（5 ×52）	螺栓 M8 ×22	4	Q235 - A（GB/T 5782—2000）
填料	1	毡	垫圈	4	Q235 - A（GB/T 97. 1—2002）

8.5 装配图画法 AutoCAD 练习（二）

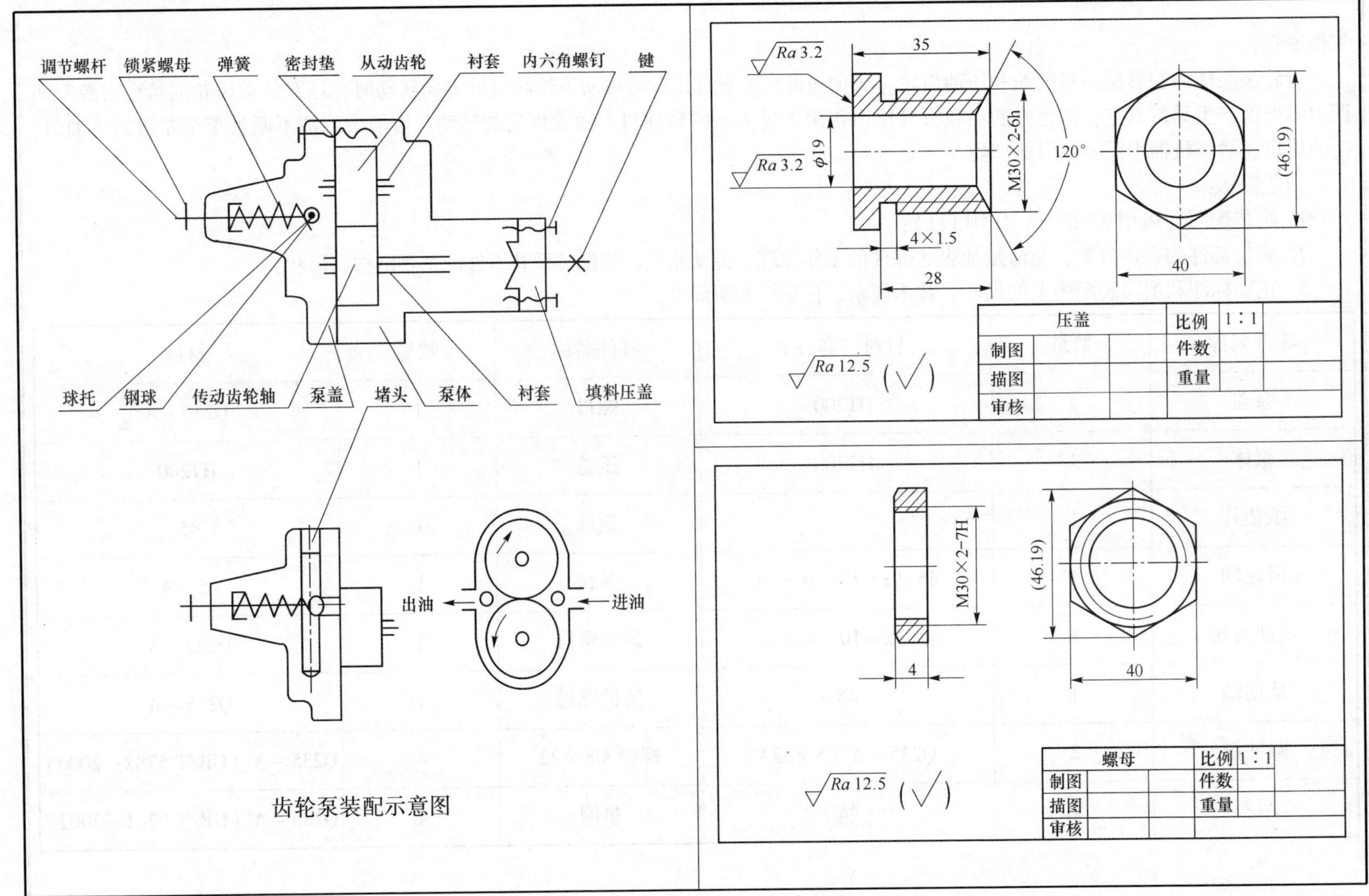

8.5 装配图画法 AutoCAD 练习（二）

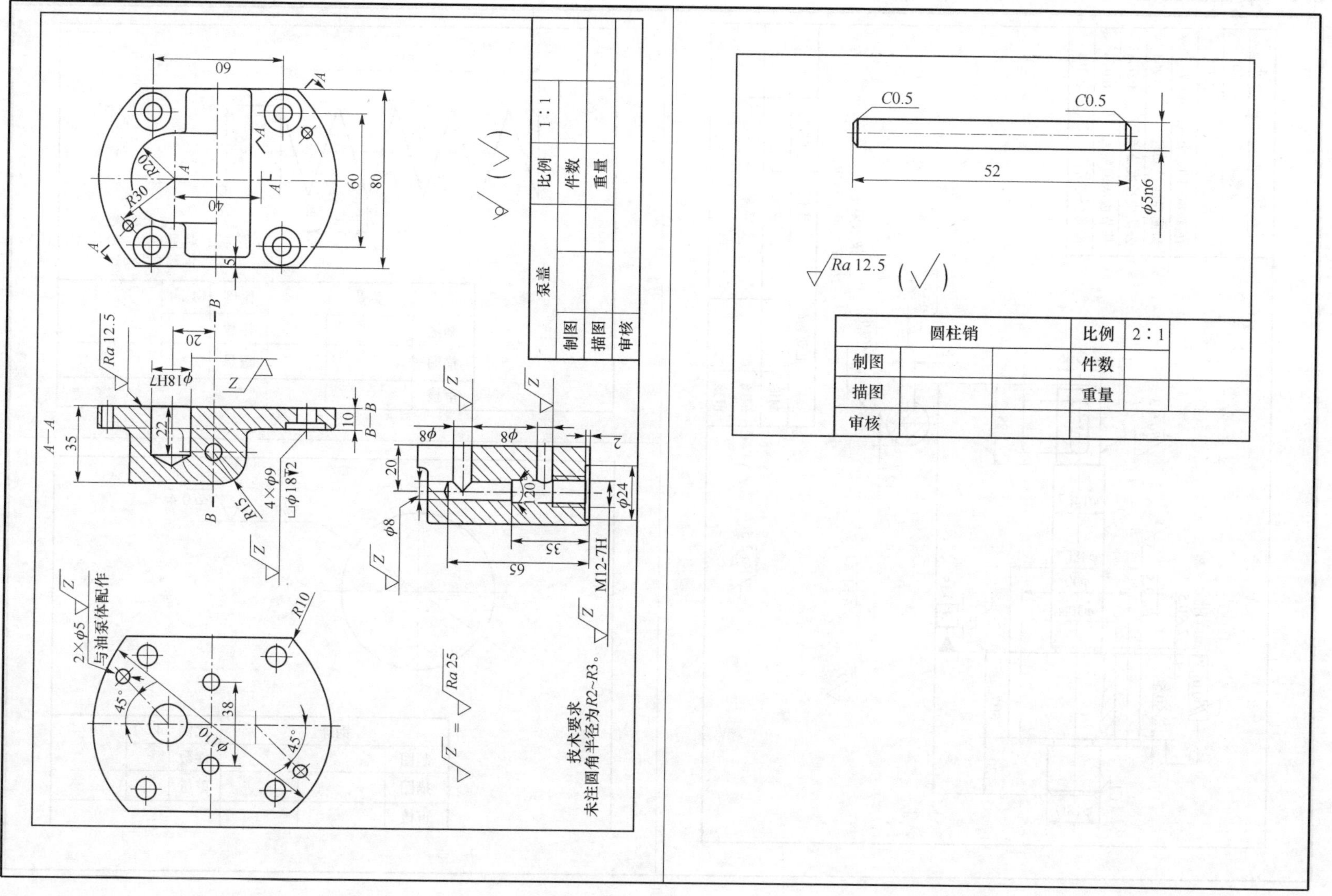

8.5　装配图画法 AutoCAD 练习（二）

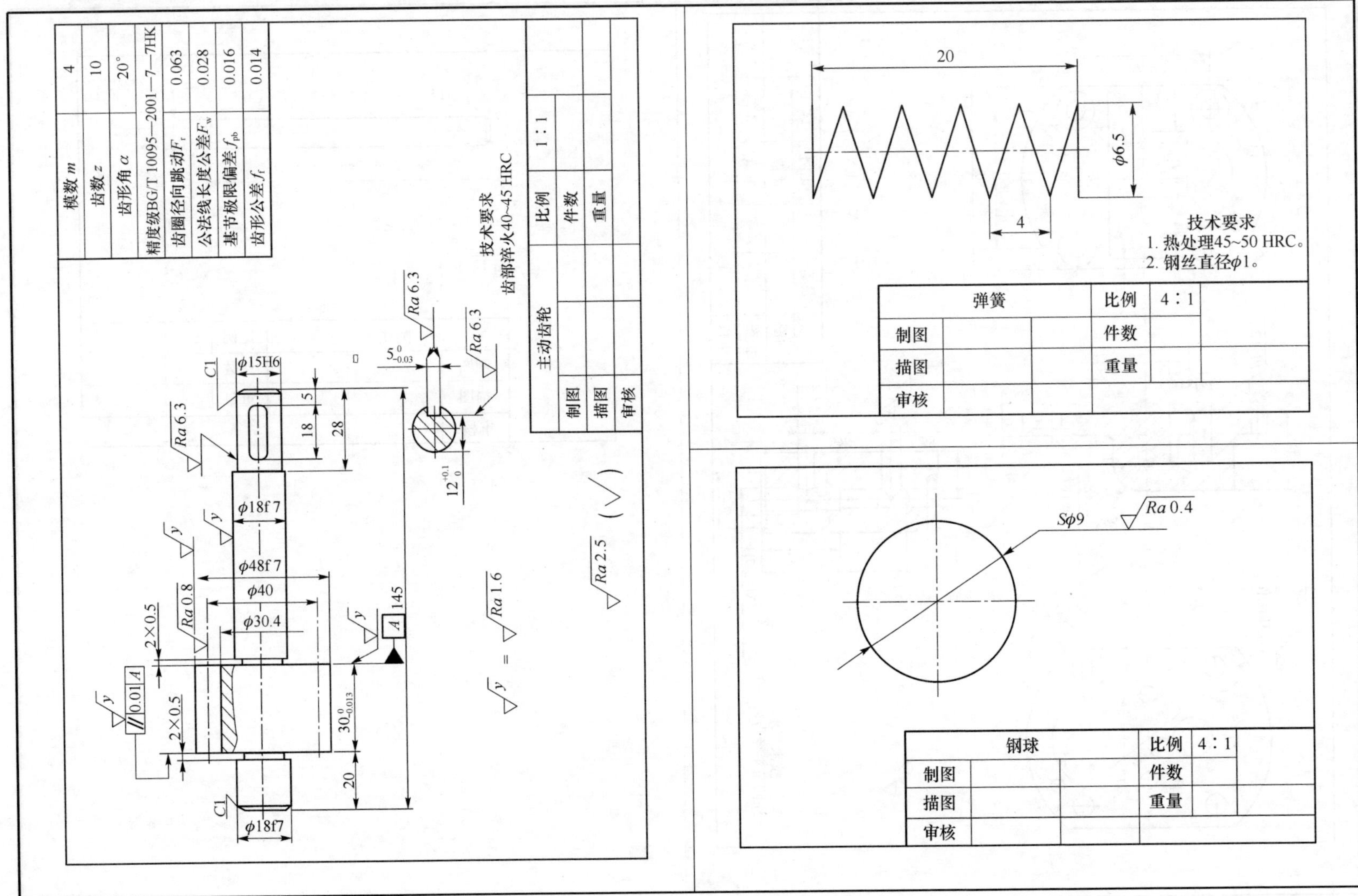

8.5 装配图画法 AutoCAD 练习（二）

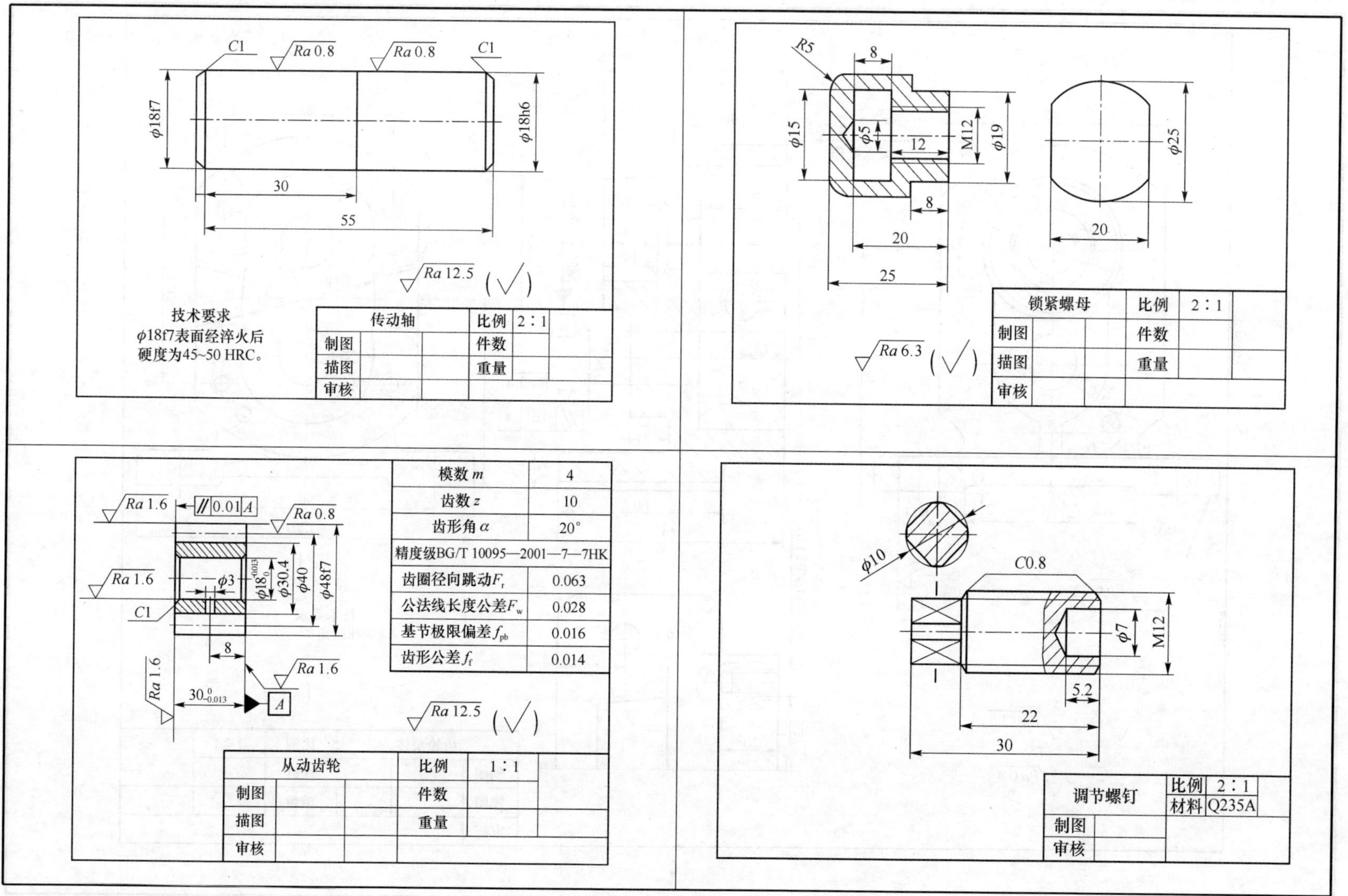

8.5 装配图画法 AutoCAD 练习（二）

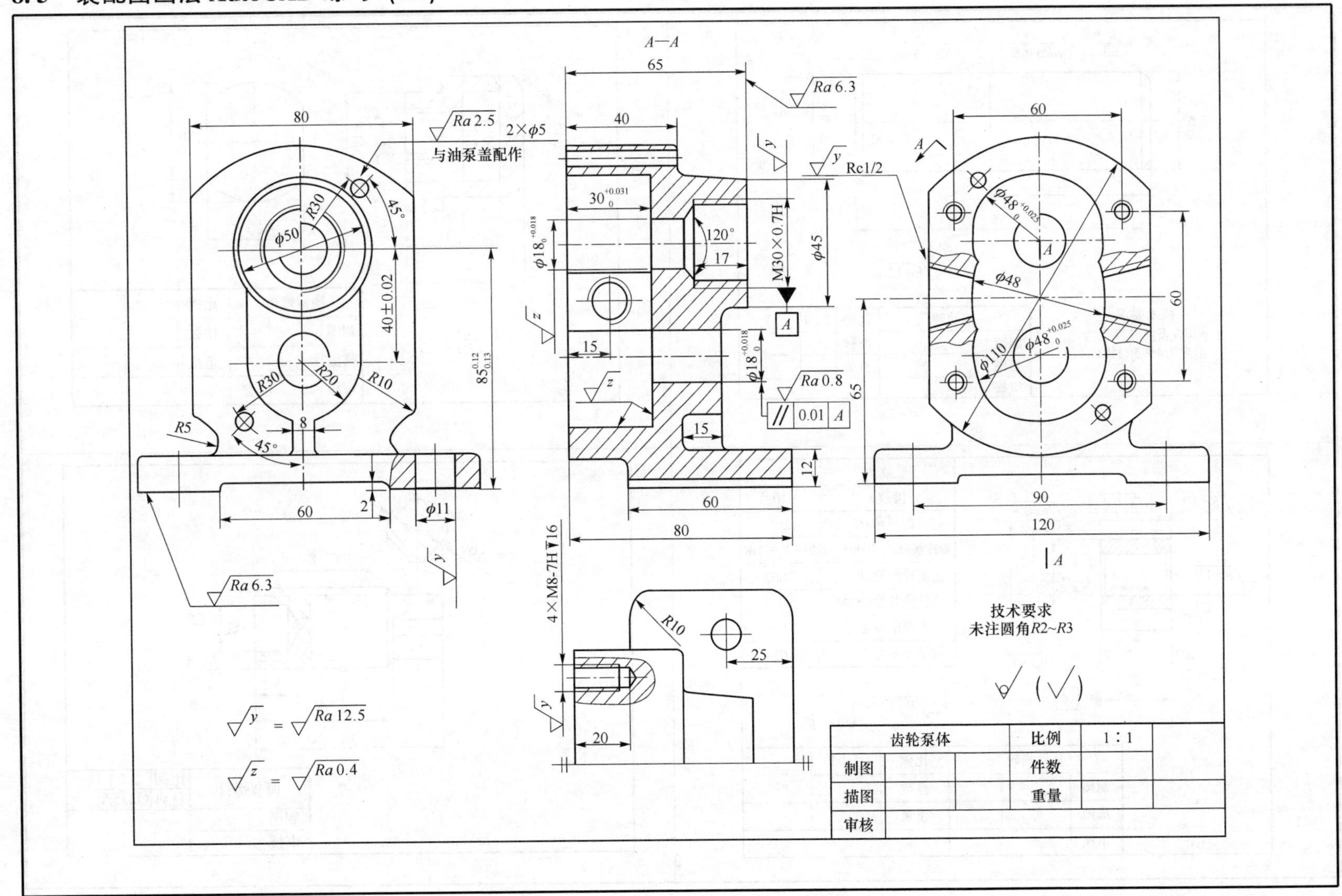

齿轮泵体			比例	1∶1
制图			件数	
描图			重量	
审核